武夷山华彩山庄

设计：福建省教育建筑设计院　陈嘉骧　周春雨

建设部建筑设计院办公楼扩建工程

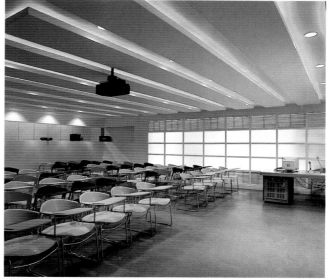

设计（建筑师）：崔　恺　刘伊万
　　　　　　　　张　晔
摄影：张广源　崔　恺

福建广播电视中心设计方案

设计人：汤桦 等

建筑师

目录

建筑师
[建筑学术双月刊]

本刊顾问：叶如棠
　　　　　吴良镛
　　　　　周干峙

主　　编：王伯扬
副主编：于志公
　　　　王明贤
责任编辑：王明贤
装帧设计：孙志刚

编委会
主　任：杨永生
委　员：（按姓氏笔画为序）
　　于志公　王伯扬
　　邓林翰　白佐民
　　刘宝仲　刘管平
　　吴竹涟　孟建民
　　洪铁城　栗德祥
　　黄汉民　常　青
　　彭一刚　谭志民
　　黎志涛

第95期2000年8月
（逢双月末出版）

中国建筑工业出版社
《建筑师》编辑部编辑

封面　建设部建筑设计院办公楼扩建工程入口
　　　摄影　张广源

95期

ARCHITECT

中国建筑工业出版社出版、发行

(北京西郊百万庄)

新 华 书 店 经 销

北京广厦京港图文有限公司设计制作

北京市兴顺印刷厂印刷

开本：880×1230毫米　1/16

印张：7　彩插：2　字数：320千字

2000年8月第一版

2000年8月第一次印刷

印数：1—3,000 册　定价：**18.00**元

ISBN 7-112-04419-7

TU·3933(9889)

图书在版编目(CIP)数据

建筑师.95/《建筑师》编辑部编.—北京：中国建
筑工业出版社，2000.12

ISBN 7-112-04419-7

Ⅰ.建… Ⅱ.建… Ⅲ.建筑学—丛刊 Ⅳ.TU-55

中国版本图书馆CIP数据核字(2000)第48937号

编者按：2000年10月2日是我国杰出的建筑学家童寯先生(1900~1983年)诞辰100周年纪念日，本刊特发表童老的两篇论文，以志怀念。

《建筑教育》是童寯先生于1944年应聘中央大学建筑系教授时的一篇演讲稿。童寯先生是我国建筑教育的先驱，他倾注大半生的精力培养一代又一代中国建筑师。1930年留学归来，即任东北大学建筑系教授，并于次年兼系主任。九一八事变，东大建筑系被迫解散，童寯先生失去了他心爱的岗位。旋与赵深、陈植在上海共主华盖建筑师事务所。其间有一件鲜为人知的事件：赵陈童三人契约的合同中有若干守约，其中一条就是不在事务所外(政府、财团及党派)兼职，而全力于建筑设计探讨和拓展华盖的业务；另一条守约就是摒弃"大屋顶"。事务所三巨头恪守信言三十年(华盖建筑师事务所，1932年创始，1952年结束)！

1944年，抗战到达最紧张时期，童寯先生在重庆主持华盖建筑师事务所；日军飞机数以千架次，投弹近万枚，山城满目疮痍。童寯先生决然接受中央大学建筑系的邀请，其时大学教授的工资支不敷出，上课时还不时有空袭警报……重读童寯教授的这篇遗稿，可以更好地理解他教育救国的抱负，他对建筑教育的献身精神。薪火相传，一脉相承，童寯教授及诸前辈抚育的建筑摇篮，已造就出成千上万栋梁之材。

从建筑教育理论的角度来讲，这篇遗稿也反映了我国近代建筑教育的渊源。童寯先生及多数第一代大师是受Beaux-Arts系统科班严格训练出来的，尽管童寯先生在其建筑师设计实践中早已背离了陈规，而另创一体。他对建筑教育的哲学和理论，尚有深刻而精辟的阐述。童寯先生在他谢世前曾著有《建筑教育史》一书(未刊行)，祈其不日可与读者见面。

1945年抗战胜利时，童寯先生应哈雄文之约，撰写《我国公共建筑外观的检讨》一文，刊载于《公共工程专刊》1945年10月版。作为一位卓越的建筑师和建筑理论家，童寯先生是我国现代建筑的先行者。他勇于探索，勇于创新，对中国新建筑发展的见解之深刻之准确，实属罕见。他在三四十年代曾写过四篇论建筑设计的理论文章，锋芒犀利，一针见血。本文就是其中一代表作。童寯先生从不掩饰自己的观点，在各种政治及建筑思潮起伏中，坚持真理，宁可沉默，也不愿阿谀随从。大半世纪以来，他的建筑思想超前于当时建筑界的水准而被视为少数派(即文中所谓吾国建筑师几人之努力)，因而从未得到认真的评析。不可想像，在童寯先生当年生活的环境下，类似本文的理论文章能够发表。此次重登此文，当引起今天的建筑师和建筑理论家的深思。

建 筑 教 育

一九四四年，重庆

童 寯

世界最古而最健全之建筑学校，发轫于法国巴黎。路易十四朝中名相考贝(Jean-Baptbte Culbert 1619~1683)，实首创之。初名皇家建筑学院(1671)[①]。大革命之后，附属于法兰西学会(Institut de France)。一八一六年，迁于今址(14 Rue Bonaparte, Paris)，称为美术学校(Ecole Nationale Superieure des Beaux-Arts 图1)[②]。拿破仑三世于一八六三年将其改组，直辖于政府之美术部长，专授建筑、绘画、雕刻(图2)。其教授法最特殊之点即所用之学徒制度(Atelier System)。校内建筑图房(Atelier)有三，每图房有一教授(称为

Patron，即老师之意)，受国家任命。校外私塾之图房尚有十余。其他各城如里昂、马赛皆设美术学校，为巴黎之分校。学生成绩咸在巴黎，与主校之作品同时考核，择其最优者，轮流送至各分校展览焉。

学徒制度，已公认为教建筑之最完善制度，盖良师益友之利，惟于此得完全发展。高低程度之学生，同处绘图室中，年级高者称为老手(Ancien)，亦即年级低者之教师。凡制图琐碎之手续及基本之知识，胥由老手授之。至老手图案忙于交卷时，则由低年级者助之粘纸上墨，以为报酬。习之即久，不特团体互助之精神，于以养成。初学者于无

形中，已得观感进取之益。为教授者，乃得免去初学无谓之烦渎，而专注目光于高级学生图案之解答。设教既久，成为风气!

人生惟在校读书之时，趣味最多，然最快乐而最可纪念者，盖莫过于学建筑之生活。方图案将及交卷之期，绘图室之灯常彻夜不灭，此正低年学生向老手大卖力气之时，高年级图案中无关紧要之部分，多仰赖初学者为之填入，此种帮工办法，在美国学校中通称之曰"Niggering"。图案交卷前几分钟，为用"Niggers"最急切之时。昔日巴黎美术学校校外学生交卷之时，每曳小车(Charrette)载图案至校，途中犹须一群低年学生，一面点画，一面煽风使干。直至今日，因忙于交图而不顾一切，犹称为"开快车"(Charrette)云。

学徒制度系统(Atelier)固害，然究不若一师一弟之为简捷多益。惟欲以短时间而造成多数人才，则不得不求其次。一师一弟，虽授受最为直接，然眼光或有所限。如纽约城之美术图案学校(Beaux-Arts Institute of Design)，乃用学徒制度者，其教授法多取自巴黎。赖特(Frank Lioyd Wright)则用一师一弟之制，而常诋毁学校之制度为不良，甚至有视学校教育为歧途者。美国近代名建筑师古德修(Bertram C.Goodhue)，一日遇一青年画图员向其请求位置，青年自以在校仅二载，深以为憾，古德修笑曰，二载已太久矣。盖古氏未曾入校门一步，其所见固宜若此。且古氏乃一天才家，学校教育，适足害之。

惟常人欲有所成就，则非循图案正轨不可，而当入建筑学校也。图3示一巴黎

图1　巴黎美术学校入口

图2　巴黎美术学校人体写生图房

图3　巴黎美术学校学生作业展览

中央大学工学院建筑系课程表　表1

一年级(学分)

学程	第一学期	第二学期
国文	3	3
党义	1	1
英文	2	2
物理	4	4
微积分	3	3
建筑初则 建筑画	2	2
初级图案	0	2
投影几何	2	0
透视画	0	2
模型素描	0	2
徒手画	2	0
总计	19	19

二年级(学分)

学程	第一学期	第二学期
建筑图案	3	4
西洋建筑史	2	2
模型素描	2	2
水彩画	1	1
阴影法	2	0
应用力学	5	0
材料力学	0	5
营造法	3	3
总计	18	17

三年级(学分)

学程	第一学期	第二学期
建筑图案	5	5
西洋建筑史	2	0
中国建筑史	0	2
中国营造法	0	2
钢筋混凝土	4	0
钢筋混凝土 及计划	0	2
美术史	0	1
图解力学	2	0
内部装饰	2	2
水彩画	2	2
总计	17	16

四年级(学分)

学程	第一学期	第二学期
建筑图案	6	6
都市计划	0	0
建筑师职责 及法令	1	0
暖房及通气	0	1
电炽学	0	1
庭园学	2	0
钢骨构造	2	0
施工估价	1	0
建筑组织	1	0
测量	0	2
给水排水	0	1
水彩画	2	2
中国建筑史	2	0
总计	17	16

东北大学工学院建筑系课程表　表2

一年级(学分)

学程	第一学期	第二学期
国文	2	2
应用力学	4	4
建筑则例	2	0
建筑图案	0	4
英文	3	3
法文	3	3
徒手画	2	3
西洋建筑史	2	2
阴影法	0	2
建筑理论	4	0
总计	2	0

二年级(学分)

学程	第一学期	第二学期
建筑图案	7	7
炭画	2	2
法文	3	3
图解力学	3	0
东洋建筑史	3	3
石工铁工	3	3
透视	2	2
应用力学	0	3
材料力学	4	4
总计	27	27

三年级(学分)

学程	第一学期	第二学期
建筑图案	8	8
木工	3	3
炭画	2	2
暖气及通风	2	0
东洋绘画史	2	2
西洋美术史	1	1
雕饰	2	2
装潢排水	0	2
水彩画	2	2
总计	22	22

四年级－图案组(学分)

学程	第一学期	第二学期
建筑图案	10	10
人体写生	2	2
东洋雕塑史	2	2
营业规例	1	1
合同估价	1	1
水彩画	2	2
论文	3	3
总计	21	21

四年级－工程组(学分)

学程	第一学期	第二学期
工程设计	8	8
工程理论	3	3
东洋雕塑史	2	2
营业规例	1	1
石工基础	3	3
钢筋混凝土	3	3
说明书	1	1
论文	3	3
总计	24	24

美术学校入学设计考试。此外尚有雕塑、数学、几何画、普通科学、美术史等，亦须考试 。入校之后，先修第二级图案，然后，经过普通科学、数学、几何、透视、工程及图案等之试验及格，始升入第一级，其最终目的则为罗马奖金(Prix de Rome)竞赛之获选，见图4。毕业生之学位称法国国家建筑师文凭(Architect Diplome pur le Government Francais)。

　　吾国建筑科目，今只有中央大学授之，属于工学院，创于民国十六年。至于沈阳东北大学建筑系(创于民国十七年)则早因国难而结束(图5)。今将中央大学课程表列下(见表1)。试将前表与旧日东北大学建筑系课程表(见表2)比较之。中央与东北两建筑系，虽皆附属于工学院，然中央建筑系显然使图案、工程并重，而东北建筑系则特别注重设计。此于两表之钟点分配，即可了然。因此，东北之炭画学程，亦较中央为重。两校又有一大不同之点在，即旧日东北建筑系，纯采取学徒制度，其教法模仿巴黎，图案限期交卷，合集比赛，而由各教授甄列给奖。中央大学建筑系则不重视此制。

　　1972年后记：1967年巴艺建筑专业学生在经受过时的教育制度毕业难关，不满于只是改革，而要求教育连同商业和社会进行彻底革命。1968年5月动乱达到高潮，学生罢课。5月16日，学生提出：(1)反对职业权威对建筑的把持；(2)反对千篇一律抄袭杰作；(3)反对为建筑企业集团利益服务。5月18日巴艺学生散发小册子声称他们决心改变自己的社会地位，教师帮不了我们，我们只有自己教育自己。9月，部分巴艺学生(120人)和教师(18人)要求自定课程，自创教学法。1968年10月，师生联合会赞同与大学组织合并，1969年1月学生占领巴艺校园，1970～1971年学生运动继续发展，教师们担心政府当局最终关闭校门，乃谋求缓和，提出教学新方向：加强走向理性化，侧重科技化；设计课题由建筑师、地理学家、经济学家、社会学家和规划学家共同拟定。

注释

① 1671年成立之法国皇家建筑学院乃最早建筑学校并设最早之建筑教授。法国大革命后，建筑师失去工作，庶转其他职业。拿破仑掌权后，始兴土木，工程只由建筑学院获竞赛大奖(Grand Prix)之建筑师负责。

② 巴艺始自1816年，直至1968年，学生动乱而全面改组，建筑部分已分离出玻纳巴街14号。

图4　1930年东北大学建筑系师生：前排左一蔡方荫，左二童寯，左三陈植夫人，左四陈植，左五梁思成，左六张公甫

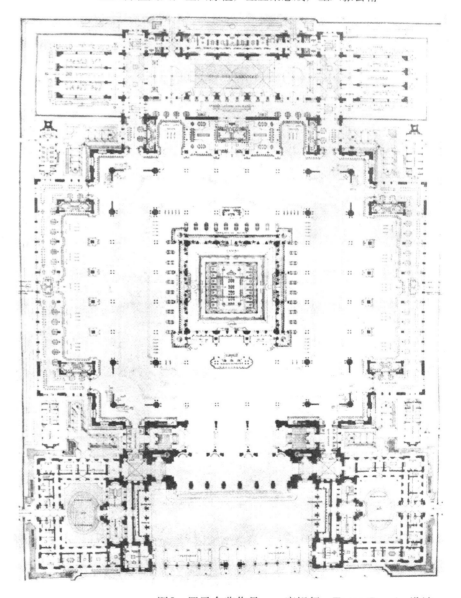

图5　罗马金奖作品，一座银行，Tony Garnier设计

我国公共建筑外观的检讨

童 寯

某君预祝一个建筑师的战后业务，因复兴工作的突飞猛进（国人抗战期间最喜用的赞词），而前途无量。这建筑师幽默的回答说：他将来不饿死便会忙死。他的意思是，我国战后很可能有几年不景气，那里会有新建筑？相反，也可能有几年繁荣而大兴土木。这两种现象都不好。若干建筑师赋闲，固然为社会之累，但如建筑工程——尤其是公共建筑——发展像潮涌一般，使每个建筑师感觉手忙脚乱，急于完成施工图样，只求平面布置可以通顺，而无暇对建筑各立面加以深刻思考，使成为精心之构，岂能说是建国百年大计正轨！

一个房屋既然建筑在中国，就应该多少表现点中国彩色。我羡慕中国女人的旗袍，合用美观而不脱离本地风光。中国现代的建筑师，在他的太太早已将旗袍设计妥善并充分享用之后，尚未能设计出一座堪与旗袍媲美的房屋。只知道把立体式或好莱坞布景搬来救急。这岂不等于逼使中国女人穿不三不四的西装！我们要知道，中国男人虽则许多已毫不思索的早已经接受西装，但哪有一个聪明的中国女人，舍弃旗袍而穿西装呢！穿西装的男人，倒不罢了。更有莽袍玉带之下，穿毛呢卷筒外裤和皮鞋的"文艺复兴"绅士们，曾一度出现各地而受欢迎。我们希望宫殿式洋房，在战后中国的公共建筑中，不再被有封建趣味的达官贵人们考虑到。以前很有几座宫殿式的公共建筑，是由业主指定式样而造成的。

在建筑上，中国人用木的本领，自古即与西洋人用石本领，不相上下。但喻浩一部木经，可以包括中国各式房屋建筑的原则，而木工在西洋建筑上，只能限于装修屋架等部（美国的鱼鳞板住宅和英国的半木架Half Timber仅可认系备一格的权宜措置）。唯其以木为主体，故旧日中国公共建筑，如宫殿庙宇衙署，无处不在保护木工上着眼。譬如，唯恐木工受潮，故有石础须弥座甚至高台以护柱脚，有宽大出檐以护柱身及门窗。又因屋檐过度挑出，故用复杂斗栱制度，以供支承。他如彩画油漆，也是保护木工使免朽烂的办法。结果形成一种美观而合情理的建筑物。但是时代不同了。二十世纪的物质文明，逼迫着人类趋向新标准新做法。如果新的建筑做法，全以木材为标准，那么我相信中国旧式建筑制度，会在世界上发扬光大，直有如目下吉普车，在任何地

方都风行一样，中国的建筑师，更应毫不迟疑的引用古人成规。其中也许参加些新学理和计算，但大体上只要各地有无尽的森林，来供采伐，唐宋的淳朴浑厚建筑规例，已足够我们的遵循。无如现代建筑标准早已趋向钢铁水泥。而建筑物内部布置，亦日益讲求集中紧凑的平面且有时需要多层的高度。在这种情形下，中国木作制度根本动摇。旧式一层正厢走廊天井多进的平面布置，显然太散漫而不方便。因此中国各都市新兴的公私建筑，实难怪其采用西式。但我们所反对的是，这西式采用得太盲从只是抄袭而已。

中国木作制度和钢铁水泥做法，唯一相似之点，即两者的结构原则，均属架子式而非箱子式，唯木架与钢铁的经济跨度相比，开间可差一半。因此一切用料权衡，均不相同。拿钢骨水泥来模仿宫殿梁柱屋架，单就用料尺寸浪费一项已不可为训，何况水泥梁柱已足，又加油漆彩画。平台屋面已足，又加筒瓦屋檐。这实不能谓为合理。中国旧式木窗，因糊纸或嵌明瓦关系，其棂格各种疏密花样，兼实用与美观而有之。但如在玻璃甚合用而又风行的今日，硬将门窗棂格，做成密集仿古花纹，使百分之五十的光线不能透过，则除引起一点考古趣味外，毫无其他可取。

将宫殿瓦顶覆在西式墙壁之上，便成功为现代中国的公共建筑式范，这未免太容易吧。假使这瓦顶为飓风吹去，请问其存余部分的中国特点何在？我们所希望的，是离开瓦顶斗栱须弥座而仍能使人一见便认为是中国的公共建筑。欲达到这目的，既然不能由平面的布置安排有何成就，又很难在建筑物的立面上，靠高下参差或突出凹入而多有收获。一般讲来，建筑师在公共建筑物外表上，能施展才气的地方，恐只在压顶墙基正门附近，或藉雕饰或藉彩色，多少点出一些中国风味。教会大学建筑式样，本系西人所创。他们喜爱中国建筑，又不知其精粹之点何在。只得认定最显著的部分——屋顶——为中国建筑美的代表。然后再把这屋顶移植在西式堆栈之上。便觉得中国建筑，已步入"文艺复兴"时代。居然风行一时。这种式样，在今后中国公共建筑上，毫无疑义的应当成为过去。我们晓得近代欧美建筑，也有不少在钢骨水泥架子的面上，贴一层很薄的希腊罗马古典外表的。其不合

理与滥覆古典式瓦顶不相上下。所不同的，在欧美这种建筑，即不受诋毁，也不会有人誉之为"文艺复兴"。这是中国的批评家和鉴赏家所应知道的。

西洋建筑，在竞尚文艺复兴的古典时代过程，各国亦自具有特殊风格。意大利的房屋，很难被认作为法国的。自从钢骨水泥风行以后，建筑技术，在简化施工及统一标准的科学方法下，这特殊风格，无疑的大见削减。但也仍不免有些微妙不同之点存在，表明两国人的性格。中国的公共建筑，既然不能脱离今日的公认一般标准，自不易在国际上所表现的微妙不同之点以外，更有轰轰烈烈的创作。一个比较贫弱的国家，其公共建筑，在不铺张粉饰的原则下，只要经济耐久，合理适用，则其贡献，较任何富含国粹的雕刻装潢为更有意义。反之，如硬覆宫殿式瓦顶，便已白白浪费天花板上黑暗气楼地位。开老虎窗吗？恐怕在宫殿顶上开窗希望仍像宫殿，和使钢骨水泥建筑不像洋房一样困难。但是我们也非绝对认定中国旧式瓦顶，为一件要不得的东西。在钢铁水泥材料不易办或不经济的地方，发动公共建筑，未始不可以参用旧式做法。索性加入些古典趣味。尤其是深在内地，这种式样，倒很与环境配合得当。总之，建筑设计，不能离开忠实原则。只要无所隐藏或削趾适履，或抄袭模仿，勉强凑成，则一个建筑物无论大小，无论经过多少时间，自会有地位而不磨灭的。

若以为凡是中国建筑即应有瓦顶，这也不尽然，以前所造的砖石宝塔和节孝牌坊，何尝都用瓦顶？但这些建筑物，无一个不充分表现中国艺术特点。宋人绘画中的楼阁，固然各式殿顶花样繁多，而台则无瓦顶，若把桥碑等物也列入建筑，则瓦顶既为不必需之物，式样也不因为无瓦顶而失去中国风味。进而言之，边疆诸地，如青海康藏，其寺院除一二系瓦顶殿宇外，其他概为平屋顶。最奇怪的，这些平顶建筑，绝不会令人误认为洋房。这种式样，在绥远也看得见，普通称之曰"招"，即离北平咫尺的热河行宫，其中亦有不少平屋顶格式建筑。有时也平顶和瓦顶在一个建筑上混用。看起来还调和。大概平顶建筑之所以风行，都在木料不易办到和木作不发达的地方。雨水稀少，也是不需要瓦顶的一个因素。若非招式稍含宗教彩色的话，我们很希望普通公共建筑，酌采这种外观。无论如何，创作这招式建筑的先民，其天才值得赞美的。

抗战前我国建筑，间有不用宫殿式屋顶而仍带有中国作风的。这已是好现象。并证明中国建筑师，也有觉悟分子，而不是随波逐流的。抗战军兴，后方虽亦时有公共建筑在修造，但几乎全为临时性质而简陋不堪。实难衡以公共建筑的标准。吾国建筑师战前几人的努力，经此间断，受挫折不少。现在快到重新有标准有计划建设时期，譬如图画板上，铺一张白纸，设计人的铅笔线，可东可西。我们希望这铅笔线是接续战前正在摸索进行的步骤而趋向光明。建筑比其他艺术多些困难。绘画雕刻，很可由艺术家凭想象创造伟大作品。其成功的媒介，比建筑师所需要者简单得多。建筑工料，何等繁重！若无业主出资兴造，终等于纸上谈兵。即使某一图样，得以实现，但若实际表现，不能像设计图样时所预期那样美满时，在今日讲经济的原则下，真不易有随便拆毁另做的机会。在这点，绘画家雕刻家有较多的改善自由。建筑师时常一图既定，便有驷马难追之悔，既无屡试屡改的方便，建筑师每次的创作，尤其是在公共建筑方面，是近于赌博的，无怪大多数建筑师保持中庸，作品也陈陈相因了。

公共建筑，除自身有庄重或宏伟的外表，以别于一般工商业或居住等房屋，尚负有示范于公民而培植审美观念的任务。在这点，一个建筑师很可能在历史上获有功过，而惮心思。二十年前，纽约市图书馆的建筑师，在他遗嘱上，留出一笔款项，指定为修改馆门之用。他很久认为三座大门，尚需加石柱若干，方算完美，否则死不瞑目。这图书馆的式样，虽然有人批评为太陈旧，但未曾有人公开指陈三个大门刺目。建筑师于当初设计时原已尽能竭智。但若干年后，又发现有改善的必要，这纯系良心驱使，其忠于职务，是值得敬佩的。

市房造于马路两侧，虽系私产，政府也有权管制其式样，而应认与公共建筑有关，尤其我国都市，门面建筑的庞杂混乱，政府应对其外观加以过问。在广场四周，更应有规则管制其房屋高度及立面，使广场具一种中心及环抱意义。这种市政工作，比改些路名和每家必立旗竿为更紧要而有裨益的。城市计划中，宜将公共建筑各地位预为留出或圈定征收。各公共建筑周围，应留空地使与普通房屋隔离，前面更应空旷以壮观瞻。尤其是车站剧院会堂前面，非有巨大广场，车辆和行人的交通，不会安全而如意的。都市街道计划，若能处处与公共建筑配合，加上公共建筑本身的美丽庄严，那真使观者有锦上添花之感了。

为繁荣建筑创作
急需研究的几个课题

——兼谈 21 世纪住宅设计中的一些问题

陈世民

今天，建设部设计司召开质量管理和繁荣建筑创作研讨会，把两者联系起来是一件很好的事。过去，我们看到，设计司忙于搞管理、整顿、发证，制定规章制度、相关政策等等。现在，进一步将管理与好些年不提的繁荣建筑创作结合起来，把管理引入了更高的层次，也把管理的最终目的，即繁荣建筑创作提到了日程上，是具有重大意义的举措。

我们正处在 21 世纪新的信息时代，中国新建筑经过半个多世纪的实践，已经积累了许多经验教训，也需要认真总结。然而，更重要的是要寻找未来，走向未来。目前许多专家、建筑师已经在研究有关繁荣建筑创作，有关中国现代建筑特点的问题，有关中国新的现代建筑应该如何发展、完善的问题，以及究竟建筑界应该怎样繁荣自身建筑创作等问题。这些都是亟待深入研讨的重要课题。

基于目前建筑创作方面的现状，我希望先从另外一个侧面来研讨有关繁荣建筑创作中的几个亟待解决的问题，即一、设计创作环境亟待改善；二、设计理念亟待更新；三、品牌意识亟待树立；四、效益观念亟待端正。

一、设计创作环境亟待改善。近来，大家都在讲投资环境要改善，要为国内外的投资者创造良好的投资环境，但却很少有人提到设计环境。设计环境是投资环境的前提，没有好的设计环境，创作不出好的作品，投资效益也不能很好发挥。目前，改善设计环境需要处理好这样三个关系：

1.设计费与建筑创作的关系。设计费用是建筑创作环境的经济保障。它对建筑创作既起推动作用，亦起负面作用。设计费用定得太低，生存环境受到影响，建筑师无法全身心地投入创作，不会创作出好的建筑，这是大家都明白的道理。可是，现在不管是国家机构还是私人机构，大多喜欢"压价"。他们希望以世界最低廉的设计费用来获得"跨世纪"的作品、"精品"，于是造成了一种奇怪的反差现象: 什么都在涨价而设计费用却一再降价，相反，根据新的管理规定，设计要求一再提高，设计规范一再增多，设计人员的责任一再加重。建筑项目本身是一种高风险、高回报、高效益的投资，需要投入大量的人力、物力、财力，而设计在其中的作用不可忽视。在注重劳动力密集的年代，把设计看成是画图的简单劳动。在知识经济年代，建筑设计则是无形资产，对投资效益起着决定性的作用，具有很大的创造性价值。例如，现在大家最关心的住宅，以同样的材料，同样的成本却能创造不同的价值，销售价格能达到每平方米几千元甚至上万元，而设计费用仅为每平方米几元、十几元，有的三四十元算是不错了。如此低廉的设计费用怎么能与其创造的价值相匹配，怎么能避免不粗制滥造？！这种价与质不符，责任与效益不平衡的关系亟待调整。

2.设计投标与择优的关系。有关政策规定工程设计投标的出发点是为了公平竞争，广开思路，促进繁荣创作。无疑，本意是好的。但是建筑设计与一般的工程承包，则完全不同，应该区分开来。工程承包可以按照工程量、材料以及劳动力价格产生相对的等值，易于比较、选定，可以搞投标。但建筑设计是一种创作，更多的是一种无形的经济的、文化的、工程的知识汇集，根本无法量化，只能是方案，而目前则把投标与方案竞赛混为一谈，把投标绝对化，存在不少偏向。不管什么项目一律投标，往往造成建筑师只能根据书面设计依据进行创作，无法与业主很好地沟通，难以在众多复杂的设计因素中寻找到好的切入点，创作出理想作品。而某些业主也把投标当作走过场，有的只是想用低廉的费用骗取几个方案，有的动用不正当手段引导专家按他们的意思表态，从而导致投标弊病丛生，沦为一种形式，影响建筑师的创作积极性、衍生腐败。我认为，投标虽是选择方案，但更重要的是选择建筑师，任何一个设计都是一种把概念发展完善的过程，是需要建筑师尽职尽责来完成的。投标目的是为了择优，既择方案之优，亦择建筑师之优，不能搞形式。正确地处理好投标与择优的关系，才能为建筑师营造好的设计环境。为此，希望制订相关政策，对投标法予以补充，并对市场加以引导。

3．引进设计与发展自身设计力量的关系。中国建筑创作在经历了过分强调自力更生、闭关自守、对于外国设计思想持全盘否定的极端状态后，随着改革开放又有了另一个偏向，即认为外国的一切都是好的，以至于形成一种风气，不管什么项目都要请外国公司来设计，有些大型住宅区规划全部请的是对国情不了解、生活方式与国人不同的外国建筑师来设计，有的公建项目也全部限定外国设计公司方能介入，有的投资者在对国内建筑师"压价"的同时却对外国建筑师付出相差五六倍的高价，中外建筑师共同投标的保额费也有10倍、8倍之差，甚至有的发展商以请外国建筑师设计为荣，以显示其项目的"身份"。应该承认，有些国家经济发达，建筑技术先进、设计思想活跃、有丰富的经验。我们要发展现代的建筑事业，要繁荣建筑创作，学习与借鉴是完全必要的。问题是中国建筑经历了这么多年的发展，引进了那么多外国建筑师作品，在全世界各种类型的设计事务所都通过不同渠道要在中国开拓市场的时候，若是这样继续发展下去，中国的设计机构将成为外国设计事务所的顾问院、施工图院。我们认为，现在已经到了非扶持、培养中国自身设计力量不可的时候了！因为繁荣中国建筑创作的主力军应是中国建筑师，在中国广大建筑市场内主要还应依靠中国建筑师们来施展才华，作出贡献。这是外国建筑师所不能替代的。因此，中国要繁荣建筑创作，必须注重人才培养、优化队伍、提高素质，寻求自身的发展道路。我认为可以在一些大型公建项目，聘请确有经验的外国建筑师为主，同时聘请中国建筑师参与，相互协助、各展所长、共创优良。但在住宅设计方面或一些公建项目，可以由中国建筑师为主，吸收外国建筑师作顾问。我们需要在引进设计的同时发展自身的设计力量，只有重视自身力量的发展，才能长久地推动中国建筑的发展。引进与发展自身设计力量，这一点无论从宏观和微观上都到了要引起重视并制订规划，予以改善的时候了。

良好地设计环境是繁荣建筑创作的基础，改善设计环境关键还在管理，因此希望调整以上三个关系并首先从管理部门做起，制定有效的方针、政策，最终才可促进建筑创作的繁荣发展。

二、设计理念亟待更新。我国建筑经过半个世纪的发展，尤其是改革开放后，面对21世纪，很多设计理念，包括方针政策性的理念亦需更新。比如我们曾以经济、适用、美观三要素作为评价建筑的标准，对引导建筑创作起到过积极的作用。但在今天看来，已无法涵盖新世纪的建筑发展需要，亟待确认一些新的评价标准，以推动和引导建筑评论，推动建筑创作。我个人认为，按我自己近年建筑创作的心得，新的建筑评价标准可以是环境、空间、文化、效益四项要素，似更确切。它包含了上述三要素的内容，又诠释了新世纪的建筑特征及要求。比如以住宅来说，21世纪的住宅建筑，环境问题是主要的，生活素质的提高亦是时代的需求。根据近年的创作实践，我感到要充分体现"以人为本"的设计思想，环境确实重要，建筑师需要有一个扩大的、综合的环境设计观念。如果投资者们曾流行"第一是位置，第二是位置，第三还是位置"的"位置论"作为他们投资回报的原则，那末，我认为不妨把环境概念归纳为一种"环境论"，即"第一是环境，第二是环境，第三还是环境"。这里第一环境是指大环境，要重视环境资源的开发与利用，把用地周围自然的、地理的、景观的、交通的、人文的、已有的或规划的建筑环境都纳入设计范围，寻找好的结合点，改造不利及有害的环境因素，集约组合，以提高设计小区的整体环境质素。第二环境是中环境，指小区的内部环境，通过恰当的空间安排，精细的庭院处理，以求创造出一种赏心悦目的花园式的，拥有充足阳光，新鲜空气的生态式的，老人、儿童、成人各得其所的休闲式的环境生活空间。第三环境是小环境，指应把住户内部空间作为一个与人的生活、行为方式息息相关的生活环境来思考，住宅不是居住的机器，不是存人的空间，是焕发人们生机的"家"，目前对这一点还注重得远远不够。

环境是建筑适用功能的前提，空间是适用功能的基础，以满足人们生活为目标。消费者不仅要求空间适用，还需要空间有灵活性，有三度空间的变化性，从被动适应空间转向自主地塑造空间。一方面可根据自己的经济实力选购一定面积的户型，另一方面又可依照自身家庭人员的组成情况、生活习惯、职业要求、娱乐爱好，调整户内空间的分隔。个性化、多样化是当前住宅空间发展的主题。

建筑本身是一种文化，建筑文化不同于其他艺术性文化，它一方面与建筑的使用功能紧密衔接，通过功能表达文化内涵，另一方面又是工程的艺术，通过动用大量投资、材料与劳动力方能实现。而住宅体现的是一种居住建筑的文化，它更多地寄寓于生活使用功能之中。住户在新的经济生活水平的平台上对建筑文化的观念有了新的转变，他们对建筑文化的内涵有了新的需求。首先家庭生活引起了改变，除吃喝拉撒睡之外，学习、工作、娱乐、休闲、运动的内容增加，空间需求扩大。同时，小区的概念也扩展了。通常那种认为生活方便的商住结合、人车夹杂的小区，已需要由人车分流、绿地环绕、宁静而富有居住品位的社区所取代；通常那种拥有派出所、商店、居委会等配套设施的小区需要增添诸如会所、沙龙、网球场、谈话的天台酒吧以及老少各得其所的公共交往场所，使小区变为能把家庭文化生活与城市文化生活之间衔接起来的高尚社区。其次，对建筑"美观"、"风格"的理解与爱好也会转变，尽管那些投其所好的各种"豪华"的时尚、各种"富贵"的名称曾经浮躁一时，但现在人们都越来越喜爱能体现生活的明快、清新，环境的舒适，拥有居住品位，实实在在的"家"的建筑风貌。盛行一时的所谓"欧陆风"、"罗马式"等只重皮毛不重实质的概念已不再成为主要卖点。文化品质概念伴随着环境概念、社区概念、郊区概念等一同成为住户新的增长点。住宅的文化性正在渗透到生活的更深层次，文化性是功能转变导致的结果，实质上是经济发展的结果。尽管当今信息时代，时空界限打破，科技经济日趋相近，但居住建筑文化像其他文化一样，同样会朝向地区化、个性化、民族化方面发展。我多年来一直坚持信奉这种理念。因此，我曾以重庆山城占天不占地及吊脚楼的地区传统设计了有标志性的50多层高的重庆国际大厦。我也尝试以中国门、堂、廊的传统组合，以及门阙的演变历史以神似的理念设计并建成了中国建筑文化中心。同样我也曾以中国城市布局的传统概念，创作过深圳市中心区规划，获得过好评。最近我正在努力尝试将现代化的住宅建筑与地区的建筑传统更好地结合起来，以提高中国人的生活素质。

追寻传统不是追寻落后，而是通过追寻传统创造新的居住文化。社会不断发展，新生事物不断出现，设计理念必须不断更新。另一方面，我们现在的许多设计理念，甚至包括设计的参考书仍以外国的为主，谈论外国的流派、主义很多，发掘自身现有的经验、理念甚少。西方设计思想几乎占据了我们的设计思想领域，这是不全面的。我们对外国著名建筑师通晓甚多，对各种流派津津乐道，但对中国的著名建筑师却垂青甚少，更谈不到宣传和树立了。唯有更新与发展切合中国经济发展和生活需求的设计理念，才会赋于建筑创作新的依据。

三、品牌意识亟待树立。建筑是工程的艺术，是投入了大量人力、物力、财力才能创造出的凝固的音乐。但是我们综观设计作品，却异常浮躁、异常简单，设计图简化得不能再简化，有的住宅除了立面、剖面就没有细节图了。有的设计人员将设计过程视为画图，不愿修改、再创作，更不愿跟踪设计，管理后期服务。归根结蒂，除了机制上的毛病，设计费用过低之外，主要是缺乏品牌意识，没有长期服务的观念，品牌观念在设计领域中还十分淡薄。过去，我们认为，建设中设计是关键，而设计过程中方案是关键，方案设计中建筑创意更是关键。所以，强调重视方案，甚至提高方案费的比例占到30%，似乎只要有好的方案就一切都好。这是过去几年通过房地产的粗制滥造、浮躁后得到的教训，是付出了代价的。对此，不能不看作是一种进步。但现在看来，光有好的方案，不一定就有好的作品，更不一定就是精品。方案好，还要初步设计好、施工图好、后期服务好，才能使最初的创意得以发挥和实现，也才算得上创造出好的、完善的作品。一个建筑师好、一个项目好不能算好，众多好的项目才能出精品。因此，我们需要品牌意识，需要塑造品牌形象。没有一定的品牌做基础，搞不出精品，闯不出市场，打不出特点，形不成强有力的技术力量，无法保障建筑设计的良好水平。我感到21世纪的住宅设计品牌将会是更具个性，更具生态性，更具信息性，也更具文化性，需要建筑师们去认真进行艰苦的创造，需要在综合素质上提高。可以说，品牌意识是繁荣建筑创作的重要保障。中国加入世贸组织的日子越来越近，国内的市场将进一步开放，许多外国设计公司会同我们竞争，拥有良好的设计质量、品牌质量才能在新的竞争中生存。尽快树立品牌意识，不仅是繁荣建筑创作的需要，亦是保护我们自己的需要。

四、效益观念亟待端正。建筑创作最终应体现在效益上，它是行为的结果，可是目前我们效益观还不完善，从计划经济到市

（下转第27页）

纽约曼哈顿区 CBD 概况

傅克诚

纽约是美国最大的金融、商业、贸易和文化中心，位于美国东北部哈德逊河注入大西洋河口处。

纽约市区面积945km²，人口735万（1990年），共分为曼哈顿区、布朗克斯区、布鲁克林区、昆士区及里士满区五个区（图1）。

纽约在美国及世界的经济地位均居首位，《财富》杂志曾统计，美国主要500家制造业企业本社中有116家设在纽约，全美50所大银行中有10所设在纽约，主要50所生命保险公司有7所设在纽约，主要50所金融机构有14所设在纽约，其买卖额占全美31.1%、资产额占全美36.2%，从业者占全美31.1%，各项经济指标均居美国首位。据1993年统计资料，全球跨国公司500家中，总部设在美国有173家，其中100家本部设在纽约。 表1至表4的统计数字清楚表明了纽约在美国的经济地位。其城市人口、主要金融机关及出入口量均居美国首位。

而在纽约的各大公司有80%集中在曼哈顿区。关于曼哈顿的形象，有本书上有这样的描述："曼哈顿是纽约中心区的神经中枢，影响着整个美国，这里高楼密布，街道成为'林中小道'，世界贸易中心为两座正方柱形建筑，共110层高410m，号称世界之窗，帝国大厦102层，高381m，南端仅长0.5km的

华尔街是美国金融中心，贯穿南北的百老汇大街是娱乐业集中之地，曼哈顿有许多著名建筑，如洛克菲勒中心、联合国大厦、林肯表演中心、大都会博物馆、艺术博物馆、中央公园和哥伦比亚大学等都十分引人瞩目，曼哈顿南端24km处的自由岛上，耸立着自由女神像，高93m，重225t，是为庆贺美国独立100周年所铸。"(图2)

由于曼哈顿是纽约的经济活动中心，也是美国的经济心脏，同时也是国际CBD的主要所在中心。 因而，研究世界中央商务区（CBD），必然要将曼哈顿作为主要研究对象。事实上，不仅其经济地位居世界经济中心，

图1 纽约市全图

图2 曼哈顿岛鸟瞰

1989 年纽约、芝加哥、洛杉矶海港运输出入货物吨数　表1

地　域	输入吨数	输出吨数
纽约	47121436	7179929
洛杉矶	13492146	11216409
芝加哥	3162718	1078530

资料来源:《芝加哥、纽约、洛杉矶的比较》

1990～1991 年纽约、芝加哥、洛杉矶空港运输量(吨)　表2

空　港	1990 年	1991 年
纽约	462297	419361
洛杉矶	368240	364644
芝加哥	304959	292179
总　计	3001217	2960604

资料来源:《芝加哥、纽约、洛杉矶的比较》

企业本社和业务服务机关的都市类型别集中比变化(%)　表3

类　型	HQ5 企业本社	AUD 监查人	LEGAL 法律事务所	INSB 保险中企业	MBR 主要交易 银行	INVB 投资银行 业务	FORB 外国银行 业务
综合服务							
国家的	48.7	44.5	58.3	61.4	66.5	93.0	40.2
1982 年升降的变化	−	−	−	−	−	−	−
纽　约	32.0	26.5	38.3	44.8	44.1	83.8	26.4
1982 年升降的变化	−	−	−	−	−	−	−
纽约以外	16.7	17.8	20.0	16.6	22.4	9.2	13.7
1982 年升降的变化	−	+	−	−	−	+	−
地域的	24.0	32.1	25.8	27.6	17.1	3.5	2.6
1982 年升降的变化	+	+	+	+	+	+	+
专门服务							
职能的	16.1	11.5	6.7	5.5	10.3	0.7	0.0
1982 年升降的变化	+	+	+	+	+	★	
其　他	11.1	11.9	9.1	5.5	5.9	1.4	0.0
1982 年升降的变化		+	+	+	+	+	−
外　国						1.4	57.3
1982 年升降的变化						+	+

资料来源: Dun and Bradstreet(1990), *Forbes*(1990)

1790～1990 年美国四大城市人口比(%)　表4

都　市	1790 年	1830 年	1860 年	1890 年	1910 年	1990 年
费　城	首位	74	52	42	33	22
纽　约	75	首位	首位	首位	首位	首位
芝加哥	0	0	10	44	46	38
洛杉矶	0	0	0	2	7	49

资料来源:《世界都市假说的论证：芝加哥、伦敦、洛杉矶的比较》(1990)

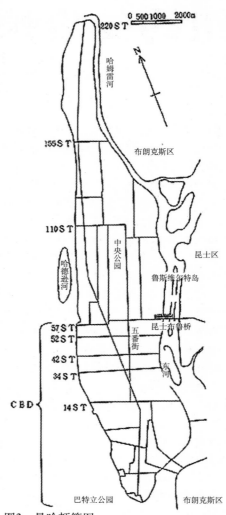

图3　曼哈顿简图

而且曼哈顿的规划、建筑，及其管理体制、规范都影响到世界各大城市金融中心的建设。本文对曼哈顿 CBD 作简要介绍。

一、概况

1. 地理情况

曼哈顿区由西部的哈德逊河，东部的东河和哈莱姆河环绕成狭长的岛屿，全长约25km，最宽处约3.5km，面积61km²，长住人口约150万人，是纽约市五个区中最小的区，也是建筑最密集的区。

曼哈顿的街区划分基本以东西南北街道划分为矩形地块，沿岛纵向南北街道有10多条，著名的百老汇大街从南至北斜贯岛的中心，除有几条大道以地名命名外，其余以数字顺序排列，如从东至西称为 1 号大道至 11 号大道（Avenue）。东西向道路从岛南端向北排列，共有 100 多条街路（Street），在第 57 街至 110 街之间的中央地区设有南北约长4km，东西宽0.8km 的中央公园，面积达3.4km²。

曼哈顿由北至南分为三个部分：上曼哈顿（第 75 街北），中曼哈顿（Midtown）（第 72 街至第 14 街范围内），下曼哈顿（Lower Manhattan）（第 14 街以南）。曼哈顿 CBD 区大致为第 61 街以南地区，约为23km²，夜间人口仅 52 万人。

著名的华尔街位于曼哈顿岛的最南端位置，是百老汇大街和东河间东西向的金融街，长约半公里(图3)。

2. 人口

纽约和曼哈顿昼夜间人口变化很大，仅以夜间（常住登记）人口来考虑，不能完全理解其规划，建筑及交通所受的容量。因而必须以其昼间活动人口作依据。

据1988年统计，纽约市昼间人口为843.4万人，夜间人口为735万人，从业人口为416.2万人，昼间人口／夜间人口＝1.15，人口密度为101.2人／hm²，（按83347.5hm²统计）。

曼哈顿区昼间人口为345.3万人，夜间人口为150.9万人，从业者数为269万人，昼夜间人口比为2.29，人口密度为昼间562.5人／hm²，夜间245.9人／hm²（按6139.3hm²计算），曼哈顿CBD区昼间人口200.8万人，夜间52.6万人，从业者为196.4万人，人口密度昼间达981.4人／hm²，夜间254人／hm²，昼夜间人口比为3.82（按2046hm²计），可明显看出CBD区昼间人口密度最大，可以说昼夜间人口差成为CBD的特性指标之一。

3. 从业种类及职务特征

表6统计了自1960年至1988年纽约市从业种类就业人口变迁。

表7表示自1988年至2015年曼哈顿区业种就业变化情况及预测（1988～2015年平均每五年就业人口增加13.1%）。

从以上两个统计表中可明显看出，纽约自1969年至88年，金融保险业就业者由46.4万人增至54.34万人，服务业由1969年的78万人增至112万人，而制造业由82万人减至36万人，政府部门的职业有很大下降趋势。

对1988年至2015年每隔五年作了从业种类变化调查及实测，整体看来纽约市及曼哈顿每五年间就业人数都有上升趋势，如纽约市1985～1990年增加11.5%，1990～1995年增加27.7%，1995～2000年增加26.1%，预测2000～2005年要增加26.1%，其增加主要业种为金融业及不动产业(＋28%)，服务业(＋32.2%)，减少最多为制造业(－32%)和政府部门(－32%)。

从表7可以看出，曼哈顿区就业人口1988～1990年增加5.2%，1990～1995年增加15.4%，1995～2000年增加16.7%，2000～2005年预测增加16.7%，2005～2010年预测增加13.1%，至2015年增加9.4%，其从业种类增加最多为金融保险业(＋28.2%)，服务业(＋28.6%)，减少最多的也是制造业(－32.6%)政府部门(－38.19%)。金融服务业就业人口增加是CBD特征之一。

4. 交通

图4示至曼哈顿采用交通手段，从表8可看出每日向曼哈顿CBD区流入人口达近350万人。

其中：利用公共交通占79%，在79%中地铁利用者为54.4%，乘营业公共汽车者为18.9%，铁路输送占3.6%。利用独立交通者占21%，其中乘车者为13%，出租车者为8%。主要人流明显利用地铁，纽约利用地铁者1983年

(1988年) 纽约市及曼哈顿区昼夜间人口 （单位：人） 表5

	纽约市	曼哈顿区	CBD区
昼间人口	8434400	3453600	2008000
夜间人口	7352700	1509900	526000
从业者数	4162200	2690000	1964000
非劳动力人口	4272200	763600	
就业者数	3080500	746300	
失业者数	151900	33300	

注：昼间人口＝从业者数＋非劳动人口　　　　就业者数＝劳动人口－失业者数
　　非劳动人口＝昼间人口－就业者数　　　　资料来源：《纽约市的成长及基础整备》

纽约市主要从业者变迁(1969～1988年)(单位：1000人) 表6

	计	建设	制造	运输·通信	流通	金融·保险	服务	政府
1960	3796.2	104.5	825.8	323.8	749.1	464.2	781.8	547.0
1970	3743.3	110.1	766.2	323.8	735.4	458.2	787.3	562.8
1971	3608.4	110.7	702.2	299.1	704.1	450.1	772.8	569.2
1972	3566.2	105.1	675.8	297.8	694.9	445.6	781.3	565.7
1973	3540.5	107.5	652.8	293.6	685.6	434.6	790.6	575.9
1974	3446.1	101.8	602.1	282.9	664.8	425.2	785.6	583.7
1975	3286.4	80.0	536.9	269.5	633.9	420.1	772.2	573.8
1976	3209.8	66.8	541.1	263.7	628.6	416.3	770.7	522.3
1977	3187.9	64.2	538.6	258.2	620.1	414.4	784.6	507.8
1978	3236.3	65.6	532.1	259.5	619.6	418.0	820.7	520.8
1979	3278.5	70.9	518.5	258.6	621.1	429.7	859.8	520.1
1980	3301.5	76.8	496.7	257.0	612.8	448.1	894.3	516.8
1981	3357.2	82.5	485.1	255.8	611.6	473.0	934.7	514.5
1982	3345.4	85.4	450.8	248.1	607.0	485.9	951.1	517.1
1983	3356.0	88.2	432.7	234.3	610.4	493.2	975.0	522.2
1984	3434.9	94.5	429.6	237.0	630.5	500.5	1,007	535.6
1985	3488.1	106.3	407.7	232.0	638.1	507.6	1,039	556.6
1986	3538.9	113.7	319.2	217.3	638.5	529.3	1,075	573.5
1987	3590.2	118.8	379.6	214.9	637.6	549.7	1,109	580.4
1988	3605.7	120.9	366.5	217.8	635.8	543.2	1,125	595.8

资料来源：《纽约的成长和都市基盘整备》

1988～2015年曼哈顿区的从业种类就业变化情况及预测 （单位：1000人） 表7

	1988	1990	1995	2000	2005	2010	2015	1978～1988 实际增加率	1990～2010 预测增加率
曼哈顿5年间年平均增加数		5.2	15.4	16.7	16.7	13.1	9.4		
	2690.0	2693.4	2770.2	2853.9	2937.6	3003.1	3050.0	13.1	11.5
农业									0.0
经营者(除农业外)		140.4	144.4	148.7	153.1	156.5	159.0		11.5
从业者(除农业外)	0.0	2553.0	2625.8	2705.2	2784.5	2846.6	2891.0		11.5
矿山		0.9	0.9	0.9	0.9	0.9	0.9		0.0
建设		45.6	45.2	45.4	44.9	44.0	43.4		－3.5
制造		195.9	180.7	160.1	145.5	132.1	131.4		－32.6
运输·通信·公益事业		119.6	118.0	117.7	115.6	114.5	112.8		－4.3
批发		157.8	149.8	144.3	138.8	133.6	134.3		－15.3
零售		213.6	221.0	228.4	233.1	237.8	240.6		11.3
金融·保险·不动产		491.2	523.3	567.2	601.4	629.9	653.0		28.2
服务		843.2	920.4	977.9	1038.0	1084.0	1105.2		28.6
联邦政府部门		50.4	43.8	38.1	31.7	31.7	30.8		－38.1
州·地方政府部门		434.8	422.7	425.2	434.6	438.6	438.6		0.9

资料来源：RPA、MTA

减少至为9.9亿人次（由于地铁老化及犯罪率高等原因），进入CBD区者3/4利用铁道，9%利用公共汽车。7%利用小汽车，5%徒步。利用公共交通为主是CBD区的特征之一。

与曼哈顿CBD区相比，纽约的其他地区利用小汽车者数量较大，占39%，铁道占25%，

每日进入CBD区人口流量(单位：人) 表8

	1986	1987	1988	1987/1986 增减率(%)	1988/1987 增减率(%)	1987/1986	1988/1987
总流入人口	3392276	3415334	3474515	+0.7	+1.7	+23.058	+59.181
利用汽车者	1136904	1158495	1155690	+1.9	−0.2	+21.591	−2.805
利用公共输送机关	2255372	2256839	2318325	+0.1	+2.7	+1.467	+61.986
利用高速铁道输送	1726864	1737379	1797577	+0.6	+3.5	+10.515	+60.198
利用郊外及都市间铁道	224084	232906	234042	+3.9	+0.5	+8.822	+1.136
利用船	37393	37190	44874	−0.5	+20.7	−203	+7.684
利用高速公共汽车	191475	177086	171819	−7.5	−3.0	−14.389	−5.267
利用地方公共汽车	75556	72278	70513	−4.3	−2.4	−3.278	−1.765
汽车流入辆数	753330	768381	766105	+2.0	−0.3	+15.051	−2.276
乘用小车、大车等流入辆数	742044	758111	755627	+2.2	−0.3	+16.067	−2.484
在CBD最大滞留人口	1483255	1447538	1446653	−2.4	−0.1	−35.717	−885
在CBD最大滞停留汽车数(辆)	107208	110863	100807	+3.4	−9.1	+3.655	−10.056

资料来源：Hub-Bound Travel 88, 89

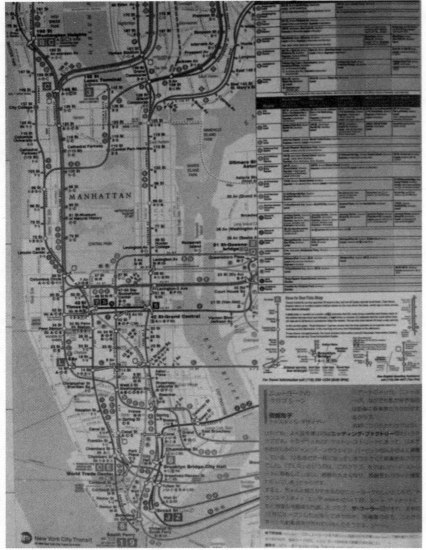

图5 纽约地铁线路图

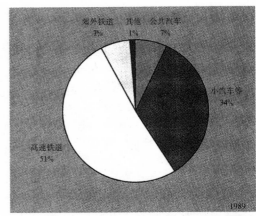

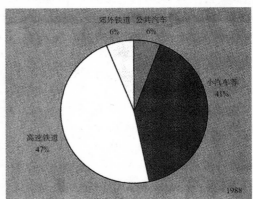

60街区域

图4 进入CBD区利用交通手段

纽约市曼哈顿区私家汽车 辆／每人(1988) 表9

纽约市	2004751 辆
曼哈顿区	225893 辆
纽约市人均辆数	0.2726617 辆／人
曼哈顿区人均辆数	0.1496125 辆／人

N.Y.Transportation Council 提供

公共汽车占19%，徒步占14%。

纽约的公交系统建设概况为：

1851年纽约开通铁路，1871年蒸汽机车在高架铁道行驶开通，中心区中心站开业，1887年开通路面电车，1956年废止，1904年地铁开通，1920年曼哈顿中心区的地铁网完成，1910年宾夕法尼亚站开业，纽约共有地铁线400km长(图5)。纽约曼哈顿地铁网共有４８５个车站。行驶公共汽车道路长达1786.3km。曼哈顿的道路体系为南北有12条宽30m的路，东西隔60m设18m宽的路，在都心部道路率达35%，曼哈顿周边有13座桥及4条隧道，与纽约其他区连接。1921年以后建设的高速道路环绕曼哈顿岛一周，也有少许东西横断的高速道路。

据纽约市经济开发局早期统计资料，在曼哈顿内土地利用比，住宅占21.4%，商业制造业占11.7%，交通施设用地占2.1%，道路占35.2%，公园绿地为17.2%，公共施设用地占7.6%，空地为3.4%（纽约市道路占30%）。据1980年调查，全纽约都市道路网长共83500km（包括高速道路、干线道路及地方道路）。

关于持有私家车者据统计，曼哈顿的居民持有自家车数不多，如1988年，仅22.5万辆，计人均0.149辆，1988年秋一天（24小时）统计从外部流入CBD的各种车辆达75万

6千辆。从纽约市其他区乘车从外地至曼哈顿要1～1.5小时左右。除地面道路交通外，国际机场是曼哈顿金融中心便利条件之一。纽约共有三个航空港，肯尼迪机场、纽瓦克国际机场和拉瓜迪亚机场，出入境达2000万人次／年。

二、曼哈顿CBD区规划及再开发概况

据称，1626年荷兰人以几串珠链从印第安人手中换取全岛，1664年英国船队袭击曼哈顿港口，从荷兰人手中夺得曼哈顿岛，英国人铺筑的第一条街是取名为华尔街(Wall Street)，从此开始了曼哈顿的金融区的发展。纽约市都市计划局报告书 "Plans programs and policies" 对纽约市的都市计划发展有全面论述（可看出边规划边建设边制定基准的特色），概要如下：1807年，曼哈顿仅有7.8万人居民。由于曼哈顿具有连接哈德逊河与东河之间的优势，1811年，纽约州委员会将曼哈顿向北至第155街作了扩充规划报告。

进入19世纪后，纽约人口增加，市规划委重新对曼哈顿计划审查，又增加中央公园部分规划。

进入20世纪，纽约市商业大发展，由于建筑钢材及电梯的出现，曼哈顿建成42层的大厦，但超高层建筑形成很大阴影区，因而，1916年纽约市通过了建立"高度限制条例"和"红线制"，并确立将工场用地与住宅地分开的规定。

20世纪设立都市计划委员会。进行总体规划。提交市政府规划制定准则，准则对建筑影响很大，如根据红线限制等的规范限制准则，出现了段差式"结婚蛋糕"型的高层建筑体形（图6）。这种体形的超高层建筑被称为"美国式"的代表形式。

1961年制定的区域条例，规定住宅区、商业区、工厂区以不同密度进行建设，并导入了两个新的概念，即容积率（FAR）概念，确定以容积率和密度对规划进行控制。另一个概念是"奖励制"，对在建设场地内提供广场的情况给予允许提高容积率的奖励，因而出现了在高层建筑周围有开放空间的建筑模式。在开发高层大厦群的过程中又出现了破坏著名车站建筑事件，于是又成立了市标志性建筑的保存委员会，以对著名历史建筑进行保护。

之后根据五号大道的剧场区的特别需要，制定了"剧场特别地区"的规定。70年代成立"共同理事会"参与都市计划研讨，70年代由于经济萧条，纽约规划建设几乎处于停滞状态，至80年代，美国经济结构变化，进入脱工业化时代，导致纽约市的规划面临许多新的课题，如沿海海运栈桥利用率低，由于停产对工业用地的使用问题如何再利用等等。

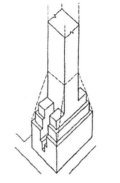

图6　结婚蛋糕式建筑
资料来源:《地域开发》1984年11月号

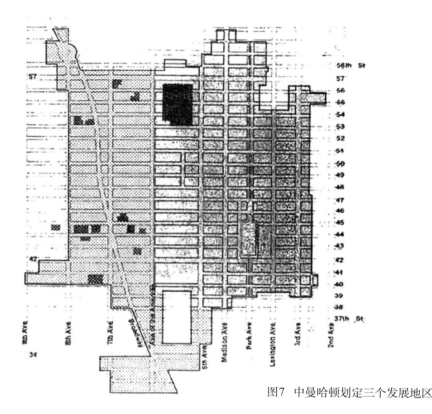

图7　中曼哈顿划定三个发展地区

为适应金融服务业增加需要的大量建设任务也被提出来，因而对曼哈顿又进行了再开发。

1. 调整中曼哈顿区容积率

80年代中曼哈顿进行再开发，从沿南北大道的地块和中部场地入手，中曼哈顿地区沿东河地区由于已造大厦过密，通风日照条件已困难，不可能再开发，因而决定开发项目向西和南部发展诱导。对中曼哈顿分出三种区域：成长区、安定区及保存区。根据不同三种情况制定新容积率基准（图7）。

a. 成长地域（Growth Area）

沿南北向的第6大道及第7大道地区，容积率提高至1800%（限6年），大道的中部地块容积率提高为1500%，东西向第38街以南的第5大道和第40街以南的第6大道，及第38街的地块容积率从1000%提高至1500%，第8大道保持1000%容积率。

b. 安定化地域（Stabilization Area）

第5大道以东地区容积率保持1600%，西部地块为1300%。

c. 保护地域（Preservation Area）

对近代美术馆等保护街区容积率由1200%降至800%。

2. 滨水区开发

纽约市有925km的海岸线，14条江，5条河，2个海峡，并拥有天然深水港。过去由于深水港口使纽约得到经济发展、繁荣，但后来有了变化。1980年曼哈顿西侧36个市属埠头已有18处被废止，沿海区的经济位置下降，致使滨水区如何活性化问题提到日程上来，在原有发电所、海上运送基地和垃圾处理场以及高速隧道边桥下等地区环境很差，由市都市委员会指定海岸委员会成立滨水区再活性化组织（WRP）。

1972年制定了联邦海岸地域管理法，1982年得到市都市计划委员会及市理事会认可，开发滨水区的经济区休闲区、自然海岸保护区等活动及建设。

3. 时代广场(Times Square)周边再开发（图8）

图8　中曼哈顿时代广场周边

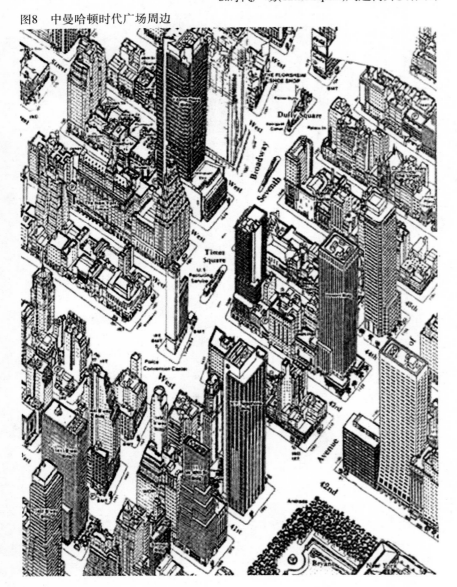

对西第42街的再开发，在1979年曾提出过建设6hm²的文化商业设施，计有三栋办公楼，18hm²的展厅，300室的旅馆等称为42大街之城（City at 42nd street）。但后因开发计划要破坏剧场而被迫停止。

1981年由纽约市和UDC（州都市开发公社）制定出再开发纲要，以公私方式共同进行，在第42街的7号大道与8号大道之间的区域(5hm²)，将9个剧场和时代广场地铁车站修复，建21hm²的计算机和商品市场、旅馆、4栋办公楼，1999年市与开发者已签租约。

4. 第6大道第23街至34街地块的再开发

这块地有两条地铁和Pennsylvania车站，靠近港务机关的哈得逊河终点站，但这个地块过去用为停车场，低层建筑较多（占用地的60%，原有鲜花市场也在此），属于较差地带。1980年后，市都市计划局对第6大街区进行开发探讨，最后确定在这地区建住宅区，兼考虑工场及商业用地的需要，制定了1200%的容积率标准，住宅计划占一半，新建开放公共空间，不再享受容积率奖励，如为保存轻工业的项目建设则奖励容积率20%，以住宅兼商业用途的复合建筑为主。

5. 联合广场和第14街的再开发

自1839年建设以来，剧场区作为政治和团体集会之处，也是商业中心和工业集中之处，后由于曼哈顿向北发展，这个地区渐渐衰落，在中曼哈顿的租金上升后又有许多出版社，广告社、服务业落户于此，致使这地区开始受重视。1984年，规划首先着手整顿公园及安全性，这地区原有的6840m²大百货店已荒废10年，有的地区甚至沦为毒品贩卖者集中之处，很不安全。

新的开发将以住宅、商店等联合开发的模式并制定出容积率分配提案。

6. 展览中心的再开发

希望吸引270万人／年来纽约参加各种展示会，市都市计划局曾设想在近第44街西侧的滨水区开发大的展览中心，曾计划建4.5hm²，后由于经济原因而延期，在70年代末期，又决定在第11大道和第12大道之间的第33街与第39街之地块建10hm²的展示建筑，于1980年设立展示中心运营事业团。开发计划在第11、12大道与第41街、第42街这一区块内进行密度很高的联合开发。

a. 第11大道、第35街、第38街这些地块建有旅馆的高密度商业旅游设施；

b. 在邻近展览中心的滨水区由工业用地改为商业用地；

c. 第10、11大道，第33、35街区块由工业用地转为商业旅游用地，允许建住宅；

d. 为大规模停车场需要（预计6.5万人／

日），在第7大道设停车场地，并在展示中心加设新车站；

e. 由于开发需要，由都市计划局、交通局、港湾局、港湾终点局、环境保全局、警察局、清扫局等成立共同组织。

7. 改善都市交通条件

纽约每日都几百万人利用铁道、地铁、公共汽车等交通，改善交通条件的焦点在于地铁的现代化（共有465个车站），及探索建造快速通往曼哈顿的通勤公共汽车。

8. 住宅

纽约市20世纪70～80年代初住宅建设急速减少，因为基础设施价格太高，致使向市外移住者增多。80年代以后开始制定吸引重建住宅政策，并利用银行进行诱导。

三、曼哈顿CBD区事务所的建设

图9为1960～1975年在中曼哈顿和下曼哈顿新建事务所（办公楼）位置示意。

表10表示纽约和曼哈顿事务所面积情况。

在曼哈顿CBD区的事务所面积：

1900年	371万 m²
1920年	650万 m²
1940年	1207万 m²
1963年	1885万 m²
1967年	2053万 m²
1975年	2879万 m²
1985年	3158万 m²
2000年	3716万 m²

1960～1966年，中、下曼哈顿建成办公楼87栋，共334万 m²

1967～1972年，建成85栋 641万 m²

1973～1975年，建成16栋 975万 m²

1960～1975年，15年共计建成办公楼188栋计1950万 m²（约10万 m²/栋）

（N.Y.City Planning Department 提供）

关于空置率：1960年为2.4%，1972年达14.6%。由于经济不景气，1970～1974年事务所过剩。

图11为曼哈顿CBD区办公空间分区密度划分，表11为具体数字。

图12曲线显示1963～1989年出租概况，可看出1975～1980年是出租低谷时期，1989年后有回升。

1974～1983年，至少有45家大公司本部从纽约迁到外地，其原因由于曼哈顿CBD区办公楼租金太贵。税收是迁移的另一重要原因，在曼哈顿税收要比外地贵。以上原因导致纽约郊外办公楼开发增加。

根据曼哈顿CBD区租用办公楼的管理者的经验，提出在CBD区和在外地出租办公楼应具备客户要求的各种条件：

（1）合适的地价、租金；

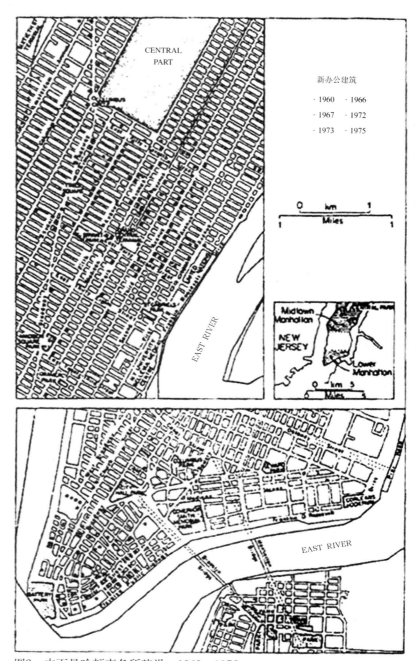

图9 中下曼哈顿事务所建设 1960～1975
资料来源：Office construction 1960～1975.Midtown and Lower Manhattan

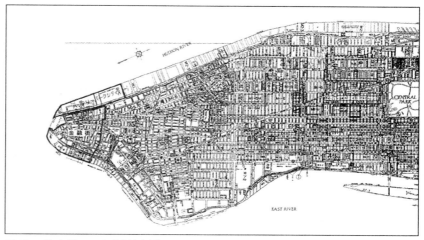

图10 曼哈顿CBD区地块划分
资料来源：《丸之内再开发计划：在纽约业务功能的集积》

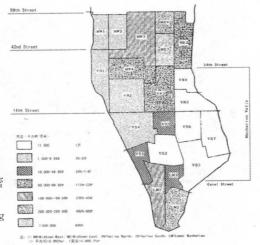

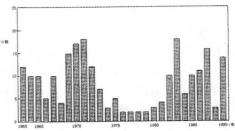

图11 曼哈顿CBD区办公空间密度(1983年)

资料来源: MIA Strategic Planning Initiative 1969

图12 1963～1989年曼哈顿办公面积开发情况

纽约和曼哈顿 CBD 区事务所面积推测(100 万平方英尺)　表 10

年次	美国	纽约	占美国比%	曼哈顿 CBD	占纽约比%
1900	—	—	—	40	—
1920	—	—	—	70	—
1940	—	—	—	130	—
1963	2200	411	18.7	203	49.4
1967	2600	455	17.5	221	48.6
1975	3400	594	17.5	310	52.2
1985	5000	735	14.7	340	46.3
2000	7000	975	13.9	400	41.0

注：1m² = 10.7639 平方英尺
R.B. Armstrong, The office 统计

曼哈顿CBD区从业者密度及办公空间密度　表11

地域符号	地域名	从业人数(人)	地铁利用率(%)	从业者密度(人/万m²)	办公空间密度 密度(平方英尺/英亩)	办公空间密度 容积率(%)
LM1	金融西区	138106	52.0	2545	170673	391.8
LM2	金融东区	175055	54.9	2318	280380	643.7
LM3	行政中心	44373	50.5	872	41510	95.3
	下曼哈顿	357534	53.2	1979	180128	413.5
VS1	运河西街	46736	55.1	514	30030	68.9
VS2	南村	38716	47.1	376	920	2.1
VS3	东南区	26509	31.7	151	324	0.7
VS4	西村	32814	41.7	225	3550	8.1
VS5	大洛以北	21997	51.7	499	2200	51.0
VS6	东村	10585	33.4	116	310	0.7
VS7	阿尔法比利	4364	24.7	35	290	0.7
	南部流域	181721	45.3	235	5721	13.1
VN1	大会区	9409	46.9	190	1225	2.8
VN2	切尔西	52396	53.1	378	3396	7.8
VN3	麦迪逊广场	130026	53.3	951	69189	158.8
VN4	斯泰弗森特	14961	41.5	185	324	0.7
VN5	巴里弗	20306	36.5	341	306	0.7
	北部流域	227098	50.7	487	21576	49.5
	流域区域	408819	48.3	329	11664	26.8
MW1	西克林敦	16621	37.0	262	5531	12.7
MW2	克林敦	17405	42.5	250	3934	9.0
MW3	中曼哈顿中心	308902	49.6	1846	167949	385.6
MW4	潘／哈罗德	108704	54.7	1278	90792	208.4
	中曼哈顿西区	451632	50.1	1171	94613	217.2
ME1	广场以南	127032	48.1	2570	239537	549.4
ME2	联合国／中曼哈顿东区	94469	43.5	796	58125	133.4
ME3	中心区	178656	49.1	2610	307268	705.4
	中曼哈顿东区	400157	47.5	1690	168094	385.9
	中曼哈顿	851789	48.9	1369	122569	281.4
	曼哈顿 CBD 区	1618142	49.7	791	60290	138.4

（2）保证电力供给；

（3）保障安全；

（4）有高质工作者；

（5）有良好的交通条件；

（6）考虑电力成本；

（7）政府规制明确；

（8）外观、环境优越；

（9）有便于和本社连络的通讯网；

（10）能提供适当的办公面积；

（11）靠工作人员居住地；

（12）靠近安全的停车场；

（13）和本公司总部能靠近；

（14）有卫星通信体系；

（15）对工作人员有好的居住环境；

（16）和本社能直接短波通讯；

（17）场地内有餐厅；

（18）滨水环境优越。

四、曼哈顿 CBD 区主要建筑简介

曼哈顿的 CBD 区超高层建筑可以说是世界超高层建筑发展的历史缩影。

以下介绍建于中曼哈顿、下曼哈顿及华尔街的有代表性的金融建筑及大公司本部超高层建筑。

1. 华尔街金融建筑

华尔街（Wall Street）位于下曼哈顿南部的端头，东西向配置，长约半公里，华尔街西部有百老汇大街南北向穿过。东部为东河，华尔街为曼哈顿金融中心，集中许多著名银行、股票市场、大公司总部，同时也有几座会堂及几座教堂，并设有公园。

这些建筑大多于19世纪末至20世纪中建设，建筑密度很高，也有几座新建筑，如华尔街60号。以华尔街为中心，建设与西部著名的世界贸易中心及世界金融中心（沿哈德逊河），共同形成了曼哈顿金融中心风景线。

通称第14街以南地段为下曼哈顿。

1）纽约证券交易所（New York Stock Exchange）

建于1903年，位于华尔街23号。

2）华尔街城（Wall Street Acropolis）

银行公司大楼（Bankers Trust Company Building）位于华尔街14～16号和百老汇街120号，新的特拉斯特银行公司（Bankers Trust Company）建于1912年，位于华尔街23号，属于J.P.摩根（J. P. Morgan）财团。

3）三个著名华尔街建筑（Three of Wall Street's Best addresses）

三个著名华尔街建筑，位于百老汇100号，属Dormers 公司所用，百老汇100号是东京银行所在地，华尔街2号属葡萄牙银行（Bank Portuguese）。

4）美国安全公司大厦（The American Surety Company Building）

位于百老汇100号，始建于1895年，1921年建成，东京银行位于此。

5）J.P 摩根公司（J. P. Morgan & Co.）

J.P 摩根公司，位于华尔街60号，建于1989

年，共47层。

6）纽约银行（The Bank of New York）

纽约银行位于华尔街1号，建于1932年。

7）华尔街55号（55 Wall Street）

建于1842年，是最早的国际银行。

8）Brown Brothers Harriman & Co.

Brown兄弟Harriman公司，1860年建，是美国最老的全国银行。

9）国家信用银行（U.S Trust Corporation）

1853年建，是最老的国家信用银行。

10）摩根大厦（J. P. Morgan Building）

在华尔街60号，建于1989年，共55层。

11）The Chase Manhattan Bank 该银行是美国大银行。

12）纽约联邦贮备银行（The Federal Reserve Bank of New York）

位于解放大街33号，建于1924年

13）联邦会堂（Federal Hall National Memorial）

联邦会堂，华尔街26号，1842年建。

14）华尔街1号（One Wall Street）

1932年建，位于华尔街1号。

15）李·海金森公司（Lee Higginson & Co.）

位于百老汇37号，建于1932年，Cross & Cross设计，李·海金森公司本部大厦。

16）高盛公司本部大厦（Goldman, Sashes & Co.）

位于百老汇85号，建于1983年，公司成立于1885年，是美国大投资公司。

17）60华尔街大厦（60 Wall Street）

1987年建，建于的华尔街金融街中，设计者大胆地底层将设计为开放空间（长53m，宽30m，高9m，以柱支撑），开放空间设有店铺并有地下铁车站，形成华尔街少有的可昼间休息的场地，建筑表现出古典气质。

18）世界贸易中心大厦（The World Trade Center）

1974年建。地上110层，410m高双塔建筑，位于下曼哈顿，是曼哈顿及纽约的标志建筑，丰富了高层的天层线，内集中了从事贸易关系的机构，国际贸易的大机构，有3.5万人在中心工作，每日来访者达8万人，场地6.5万m²，靠近华尔街，是采用纵横刚接的刚性桁架式，平面每边长63m，正方形。平面剪力墙和中央核之间以钢骨桁架连接，创造了无柱的大办公空间，竖向立而分割过密，为解决观景要求，在44层和78层设计了天厅，除观赏外又作为电梯转换层。

19）世界金融中心（World Financial Center）

1988年建。建于曼哈顿南，哈德逊河边滨水区，与世界贸易中心相邻，总面积63万m²，由33～50层的和八角形4幢高层建筑组成，建筑场地5.6hm²。

外部设计了1.4hm²的广场，沿哈得逊河岸设计了环境优美的室外开放空间，沿岸布置了2.4km长的游乐步道。

建筑形体采用美国惯用的段状形态（基于红线要求）。屋顶采用穹形、球形、锥形等不同几何形体。

在建筑群中设计了高38m，宽36m，长60m的共享空间。

2、建于曼哈顿CBD区代表建筑

1) 熨斗(Flatiron)大厦

1903年建，位于中曼哈顿，三角形平面古典样式，20层。

2) 纽约市政厅

1913年建，凸形平面，古典造型，纪念性很强，塔顶达165m高。

3) 渥尔华斯(WoolWorth)大厦

1913年建，52层，241m高，建于第40街，曾被称为"商业大圣堂"。

4) 纽约电话公司大厦

1926年建，平形四边形平面，是20世纪二三十年代艺术装饰式流派的代表作。

5) 新闻社(News)大厦

1930年建，是新闻社的大厦，平面进深达8.2m，是以考虑功能为主的优秀设计。装饰采用抽象图案。

6) 克莱斯勒(Chrysler)大厦

建于1930年，塔高319m，77层，建筑高282m，是艺术装饰主义代表作，以流线形机械式的形态表示出汽车公司功能，非常著名，被称为高层建筑的"最高杰作"。

7）帝国大厦（Empire state）

1931年建，共102层，381m高，是纽约象征标性超高层建筑大厦，位于中曼哈顿。

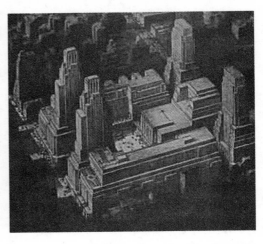

10）洛克菲洛中心（Rockefeller Center）

1933年建，是艺术装饰主义的代表作，位于第五大街，由5栋建筑组成建筑群。

8）Mcgrow-Hill大厦

1931年建，是强调水平线的现代主义式建筑。

9）Century Apartment

1931年建，是当时住宅的代表，以水平和垂直的构图手法设计。

11）联合国本部大厦

由国际建学委员会共同设计，1950年建，由11国建筑家共同组成设计委员会（有勒·柯布西耶及梁思成），由联合国本部大厦，高层办公楼及会议栋组成，办公楼高165m，39层，是美国最早采用玻璃幕墙的建筑，东西面宽87m，南北面22m，建筑沿东河，共7hm²（场地由洛克菲洛赠送），会议楼曲线顶是柯布西耶的概念。

12）利华大厦（Lever House）

S.O.M设计，1952年建，是纽约采用玻璃幕墙的先驱作品，24层，对后来的高层建筑有很大影响。建筑仅占场地1/4，留的公共空间，首层大厅向公众开放，是板式现代建筑的高层建筑，由这个建筑设计的成功使S.O.M.事务所出名。

13）西格拉姆（Seagram）大厦

1958年建，是近代巨匠密斯的代表作之一、战后高层大厦的代表作顶点，高150m的板式大厦，立面的精确的型钢竖向分割，极其简洁，柱在玻璃幕墙之后，不影响立面分割，对世界高层建筑有很大影响。

14）Chase 曼哈顿银行

1960年建，纽约华尔街在1930年受经济影响有几个银行向中曼哈顿迁移，为使华尔街再生而建此银行，Chase曼哈顿银行高247m，当时是世界第6高建筑物，地上60层，在华尔街是第一个玻璃幕墙建筑，占地30％，留出大的广场，设有著名雕刻。

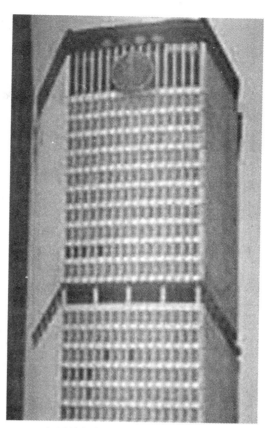

15）泛美航空公司总部(Pan Am Building)大厦

1963年建，泛美是航空公司办公大厦，1992年由保险公司收购，建设时曾引起不少争论。

16）CBS大厦

1965年建，CBS大厦位于第6大道，以垂直线条表示建筑性格，立柱宽1.5m，是沙里宁的代表作之一。

17) 福特财团(Ford Foundation)大厦

1967年建，高40m的玻璃大共享空间，内有绿化，开放式，以示福特财团的慈善事业，外墙浅茶色花岗岩与黑色钢材装饰，这一建筑处理手法对后来建筑影响很大。

18) Citicorp Center

1977年建，四方形平面，建筑有两大特征：在地面38m高，作了开放空间。由4根柱从各面中心支持，四角全为玻璃，形成通透惑，在开放空间内设有地铁出口及教堂，第二特征为层顶的斜角形造型（原为住宅设计）。形成了曼哈顿丰富的天际线，外墙银白色铝板及横向窗，建筑处理很成功。

19) 纽约电话电报公司(AT&T)大厦

美国最大的通讯ＡＴ＆Ｔ（电话电报）公司的本社大厦，建于1984年，总面积6.3万m²，高１９４ｍ，３７层，一层有高１８ｍ的开放空间，Johnson以历史主义的语言设计了立面三段构成及放大尺度的顶部设计，是后现代主义的代表作，非常著名。

20) IBM大厦

1983年建，与ＡＴ＆Ｔ大厦相邻，建于曼哈顿第56街与57街的挟长地块内，近方形平面沿街斜切，高43层，底层有布满植竹的共享空间，被称为以国际尺度洗练的立面构成，室外空间及内部均向市民开放形成全天候公园，颇受欢迎。

21) Tromp大厦

1983年建，位于繁华的第五大道第56街，57街的地块，68层合建筑，地下1层至6层为高级未门商店，１３层以上为办公用，再上为住宅区，底层有豪华的带流水的共享空间，以反射玻璃装饰的矩齿形平面取得互相反射的效果，外现的晶莹感也反映了宝石特征，这一大厦与周围IBM及各百货店连通。

22) 纽约现代美术馆高层住宅楼（The museum of Modern Art Residential Tower）

1984年建，是为纽约现代美术馆成立50周年而建，总面积4.6万m²，47层住宅楼，有6层画廊，面向第56街，这一建筑典雅的玻璃幕墙的设计，以各种矩形分割，以各种色调组合，被称为蒙德里安画派的图样的代表作。

主要参考文献

1. Wall STREET FINANCIAL.CAPITAC ROBERT GAMBEE.1999 W.W.WORTON&COMPANY NEW YORK,ONDON
2. NEW YORK. 都市建筑编
3. 美国地图. 中日地图出版社
4. ABOVE New York CAMERON AND COMPANY 1988
5. Plans, Programs and Policies 1980～1985. 总合计画部编. 东京都市计划局，1992
6. S.D.S. SPACE DESIGN SERIES（10高层）S.D.S.编委会
7. 国际比较大都市问题. 大都市问题研究会编，1990
8. 世界的大都市纽约、东京都编，1994年
9. 世界都市的成长和基盘整备. 纽约的成长和基盘整备，日本建筑学会编

（本文为国家自然科学基金资助研究项目）

傅克诚，上海大学教授，东京大学工学博士

（上接第12页）

场经济的转变使我们增加了一种经济观念，要讲投资与回报。但经济观念不等同于效益观念，因为效益包括经济效益、社会效益、使用效益等几个层面，偏重或缺少任何一面都是不行的。比如，具备商品特征的住宅建筑无疑首先要讲求经济效益，开发成本与销售效益对设计起着制约作用。但是住宅又有很强的使用功能，需要适用、耐用、好用的使用效益，大量住宅兴建将改变城市面貌，造就新的人居环境，这是社会效益。建筑师不能追随发展商，仅看重投资回报的经济效益，也不能只注重社会效益而不控制开发成本。同样管理部门仅强调社会效益忽略经济效益，发展商不会有积极性；若发展商仅追求经济效益，不注重使用效益和社会效益，那商品很难具有品牌效益，最终会影响经济效益。这几个层面是相关的。我们看来有些成熟的发展商明白了效益的综合性，他们正在从单纯追求容积率，转向注重环境质量，注重对城市的、对公众的贡献。通过社会效益来转化他们的经济效益。作为建筑师，我们更需要在设计21世纪中国的住宅时，在讲求经济效益的同时，使用效益和社会效益同样值得追求，需要综合的效益观。在前几年浮躁的商品住宅开发时期，发展商信奉一条公式即只要土地+资金，即可获得显著经济效益。进入21世纪知识经济年代，这个公式应该修改为土地＋资金＋创新的开发观念、准确

的市场定位，即在环境、空间、文化方面均能到位，方能产生良好的效益。建筑师、发展商和管理部门若能共同努力，建立一个综合的效益观，那末在经济全球化的市场竞争中，我们不难找到自身的定位和发展空间，创作出既能使发展商获得应有的经济效益和品牌效应，也能让消费群的大量住户从高质量的人居环境中，获得良好的使用效益，同时发挥社会效益，为城市建设树立一组别开生面的城市新景观和建筑文化风采的建筑作品，它将是即受市场欢迎又受社会认可的好用、好看、好建、好管又好卖的品牌住宅。住宅建筑是这样，其他建筑亦是相同的道理。

综合的效益观是我们在新世纪中正确评价建筑创作的一条重要的标准，因为现代社会的众多科技成果、发明创造都与创造和提高效益分不开。高效益是现代化的首要特征。我想，树立一个正确的效益观不仅会促使我们不断提升设计理念，同样会推动我们的品牌观念，最终使我们的建筑创作走上康壮的发展道路。

我在这里谈繁荣建筑创作，没有去涉及任何建筑理论，只想就有关影响繁荣建筑创作的问题谈些我自己不成熟的看法，以供讨论并欢迎领导、专家们批评、指正。

2000年8月6日

陈世民，建筑设计大师，陈世民建筑设计事务所董事长，总经理

伦敦CBD概况

CBD研究组

(执笔:傅克诚　顾问:金　鹰)

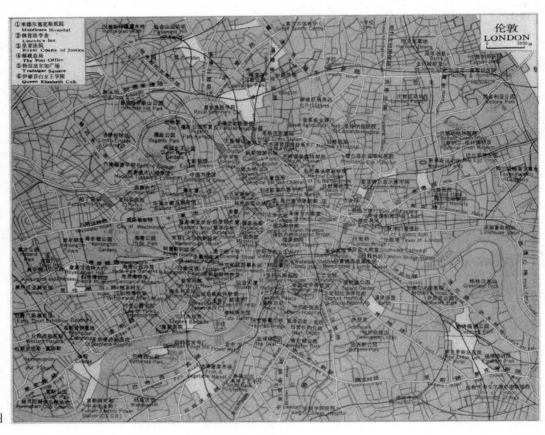

图1　伦敦地图

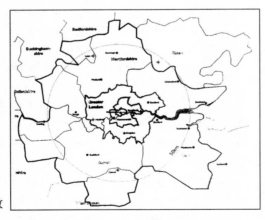

图2　大伦敦

伦敦是英国政治、经济、文化的中心。

伦敦是世界上现代城市商务区的发祥地之一,也是现代具有实力的世界三大金融中心之一。

伦敦的CBD区由伦敦城和西敏寺城为根基的中央统计区为主,80年代以后逐渐建成的道克兰新区被称为第二金融中心。历史CBD区与新建CBD区均沿泰晤士河两岸布局,在用地上以泰晤士河北岸和西岸为主(图1)。

一、背景资料

(一)中央统计区

英国首都伦敦位于英国东南部下游距北海海口64km处,大伦敦面积共1580km²,由中央伦敦、内伦敦、外伦敦以同心圆形式构成大伦敦城市形态(图2),其范围约在40km直径圈内。圆心部的中央为伦敦和西敏寺区,其外圈的内伦敦分为12个区,计310km²,最外圈的外伦敦包括20个区,约为1270km²。据1991年统计,大伦敦共有6889900人(图3)。

伦敦中央统计区由伦敦城(The city)及西敏寺区组成(图4)。伦敦城约2.5km²,西敏寺区在面积上略强于伦敦城,其功能分区自西至东为政府行政、

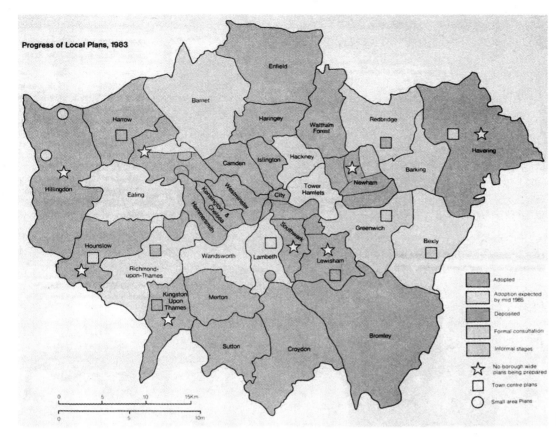

Progress of Local Plans, 1983

Adopted
Adoption expected by mid 1985
Deposited
Formal consultation
Informal stages
☆ No borough wide plans being prepared
□ Town centre plans
○ Small area Plans

图3　大伦敦区划

大使馆、艺术教育区、商业区等，最东为伦敦城国际金融区（图5）。

西敏寺区(Westminster Borough)是英国的政治中心，著名的白金汉宫、议会大厦、政府白厅、首相唐宁街官邸等均坐落于此(图6)。

（二）历史

伦敦是在古罗马人建立的古城基础上发展起来的。由于沿泰晤士河的水陆条件形成了商业和军事的中心，7世纪伦敦成为东撒克逊人王朝都城，11世纪沦为诺曼人统治不列颠的中心，曾发展至200万人的大都市。1665～1666年，伦敦遭受鼠疫和大火灾害，城市人口锐减，大半地域被烧毁（图7），1667年再建，发展至19世纪中叶，伦敦仅限于泰晤士河北岸地区（图8），后随产业革命及1870年地铁铁道的开通及公路的建设而城市逐渐向周边扩大发展。第二次大战期间，伦敦受空袭严重，居民多向地方疏散。战后，为弥补住宅不足而大量兴建住宅。大伦敦是自1965年被确立下来的。1961年，大伦敦人口曾达到817万人。60年代起，由于郊区的发展，大伦敦的人口向四周郡县疏散，大伦敦统计区内的人口下降至650万人左右。但受伦敦经济辐射的地区不断扩大，目前遍及整个英国东南部和东英吉利地区的整个经济区的人

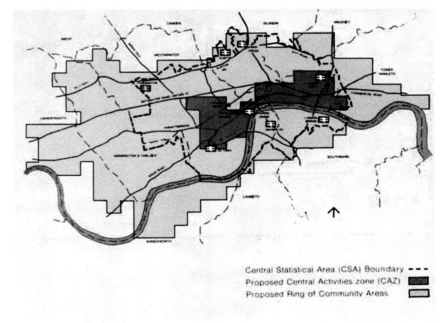

Central Statistical Area (CSA) Boundary - - -
Proposed Central Activities zone (CAZ)
Proposed Ring of Community Areas

图4　都心中央统计区(1983)

口为1千7百万人左右。进入80年代后，由于金融业发展的带动，又有回升（表1）。

伦敦的城市管理体制几经变革，1888年起由伦敦郡议事会(LCC.)管理伦敦。1965年设大伦敦议会Greater London Council (GLC)管理大伦敦自治体。1986年英国政府将大伦敦议会（GLC）废止，由成立的大伦敦市协议委员会（GLCC）执行管理，大伦敦行政区以自

治体（Brough）为行政单位，大伦敦范围共有32个市区自治体和伦敦城自治体，亦即总共有33个自治体。2000年，伦敦将组织选举大伦敦市长，今后整个伦敦将由市长统一集中管理。

（三）人口

面积1580km²的大伦敦，仅占英国国土面积的1%。人口占全英国的11.8%（1991年统计共3763万户），平均居住人口密度为4363人/km²。伦敦中内统计区（CBD）居住人口在表2中表示1991年为17万人，人口密度为6296人/km²（按2.7km²计）但就业人口达102万人，按就业人口计算，就业人口密度达37778/km²，是居住人口的六倍。

（四）土地利用

据《世界的大都市》1994年资料提供，大伦敦于1971年的土地利用情况见表

3（百分比由笔者算出）。

（五）交通

1. 公路

图9为英国公路干线图，据统计，英国全国公路总长为348344km，其中高速道路为2838km，主要干线道路长15030km，干线道路为34635km，辅助干线道路为109340km，区域道路为189340km。

图10为大伦敦范围内的道路网，可看出大伦敦区内公路呈放射环状形态，据日本发表《国际比较大都市问题调查报告》统计，大伦敦区域内道路全长14693km，占土地面积的11.1%，其中内伦敦道路占用地的16.6%，中央统计区内道路占用地的28.8%。

利用公路交通量，据统计都心部占8%，都心外围占25%，郊外占67%（表4）。

2. 地铁

伦敦第一条地铁线（见图11），于1871年开通，是世界最早的地下铁线。

图12为现在伦敦的铁线路。

据统计，由英国运输公社运营的地下铁长388km。

伦敦长距离站地铁线有5条，近距离站地铁线有3条，图13示地铁交通覆盖率。

伦敦地铁共248个车站（在大伦敦区域内共226个车站）。

平均2分钟即有一列列车通过。

地铁站之间间距一般为1280m左右，而在都心地区则每隔720m即有一个地铁站，非常方便。

3. 国家铁路

图14表示1990年时期英国的铁道线分

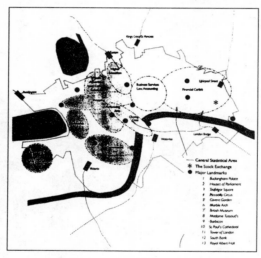

图5　都心功能分区

图6　伦敦西区鸟瞰

布。铁路全长1.6万km，车辆16万辆以上。

据统计，英国利用铁路输送量，自1955～1987年，旅客每年大致为29700～33140百万人公里，变化不太大，而货运1955～1987年减少近半，计1955年为34916百万吨/公里至1987年为17365百万吨/公里，具体数字见下表5。

主要铁路线原属国有，但90年代以来英国政府为了改善经营效率，增加市场投资，已分期分批将客运和货运线路私有化。

表6为伦敦郊区铁路及地铁网分布（公里）统计

从表5、表6两个表中可看出，在中央统计区（CBD）双车道公路计11km，地铁51.2km，郊区铁路15.1km，在中央统计区内铁道车站有23个，地铁车站有62个。

4．利用交通手段

根据《都市结构和交通问题》一文提供的资料表明，对大伦敦都心和都心外交通量中利用交通手段为：

内城　利用铁路地铁　　　26%
　　　利用公共汽车票　　11%
　　　利用小汽车　　　　40%
外城　利用铁路地铁　　　8%
　　　利用公共汽车　　　11%
　　　利用小汽车　　　　61%
中央伦敦　利用地铁铁路者　71%
　　　　　利用公共汽车者　8%
　　　　　利用小汽车者　　13%

表7为1991年通勤交通方式使用性资料统计。

可明显看出CBD中央统计区，利用地铁铁路作为交通手段者占绝大多数。在1994年《世界的大都市伦敦》，中提供

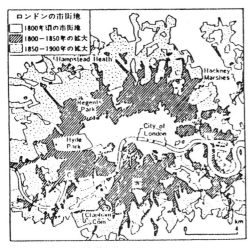

图8　19世纪伦敦范围

资料来源：A New Historical Geography of England

注：L:Linchouse, C:Chelsea, W:Walmorth

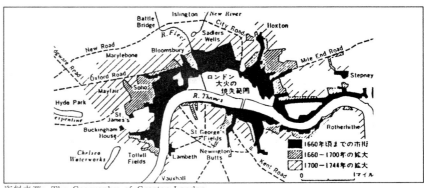

资料来源：The Geography of Greater London
图7　1665年伦敦大火烧毁范围

1981～1991年伦敦及英国东南部人口与就业变迁简况　表1

		1981年	1991年	变化百分比（%）
人口数	中央统计区	171000	170000	-0.58
	内城(除中央统计区)	2327000	2173000	-6.62
	外城	4215000	4050000	-3.91
	外都会区	5462000	5511000	0.90
	东南部其他地区	4621000	4889000	5.80
	英国东南部总计	16796000	1679300	-0.02
总就业人数	中央统计区	1070000	1020000	-4.67
	内城(除中央统计区)	755000	805000	6.62
	外城	1537000	1430000	-6.96
	东南部其他地区(含外都会区)	3682000	3960000	7.55
	英国东南部总计	7044000	7215000	2.43
金融业及企业服务业就业人数	中央统计区	377800	435600	15.30
	伦敦其他地区(除中央统计区)	173300	280200	61.68
	东南部其他地区	271700	497300	83.03
	英国东南部总计	822800	1213100	47.44

资料来源：人口普查1981，1991；职业普查，1981，1991

1991年伦敦及英国东南部地区人口和就业密度　表2

	土地面积（km²）	总人口数	就业人口数	人口密度（人/km²）	就业人口密度（人/km²）
中央统计区	27	170000	1020000	6296	37778
内城(除中央统计区)	294	2173000	805000	7391	2738
外城	1257	4050000	1430000	3222	1138
外都会区	9651	5511000	2240000	571	232
东南部其他地区	15996	4889000	1720000	306	108
英国东南部总计	27225	16739000	7215000	617	265

资料来源：Census of Population 1991；Census of Employment 1991

1971年大伦敦土地利用情况　表3

项目	面积（km²）	所占比例（%）
商业	29.2	1.8
教育	60.0	3.75
开放区域	453.7	28.3
健康	16	1
工业	29.0	1.8
办公	15.7	0.98
公共建筑	33.7	2.1
住宅	541.2	23.79
店铺	12.3	0.76
公益事业	33.7	2.1
道路	182	11.36
输送	66	4.12
空地	91.4	5.7
上下水道	31.2	1.94
共计	1601.6	100

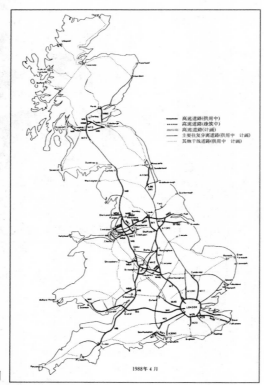

图9　英国主干线道路网

了在大伦敦市内具体乘车情况统计，伦敦每日乘客数达109万人次。

其中利用英国国家铁路者为458000人次，伦敦市地铁368000人次，公共汽车70000人次，小巴／长距站大巴20000人次，利用公共交通手段者共计，916000人次占83.7％；利用小汽车摩托车者仅为178000人次，占16.3％。

5．航空港

英国全国机场达140座，1992年民用机场运客量为8295万人次，伦敦共有三个主要空港：

北　斯坦斯达德机场
　　（Stansted Airport）

西　希斯罗机场　（Heathrow Airport）

南　盖特维克机场　（Gtwick Airport）

其中希斯罗机场为最大，是伦敦主要门户。此外在东部的道克兰区建有伦敦城机场，供短途航线使用。在伦敦以北还有一个以假日包机和短途业务为主的卢顿(Luton)机场。

图10　伦敦道路网

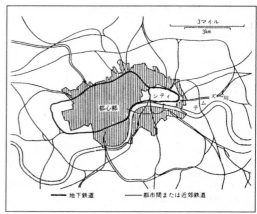

图11　伦敦都心最早的地铁

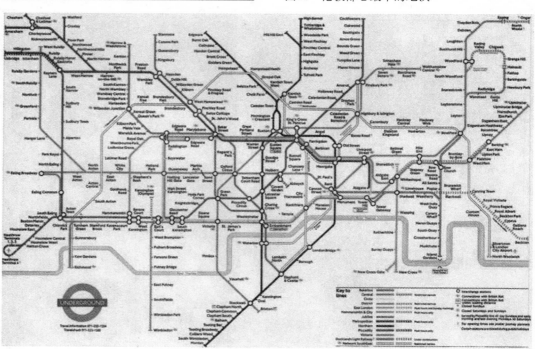

图12　伦敦地铁图

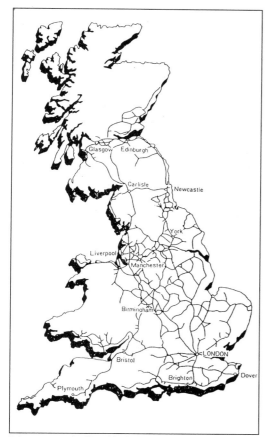

图14 1850年英国铁道路线图

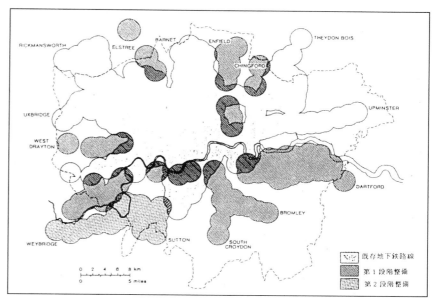

图13 伦敦铁道网服务覆盖范围

伦敦城区、郊区快速干路网分布（km）   表4

	高速路	双车道路	总计
中央统计区	-	11.0	11.0
平均每十万居民	-	7.3	7.3
平均每十万就业人员	-	0.9	0.9
内城(除中央统计区)	5.0	36.0	41.0
平均每十万居民	0.2	1.5	1.7
平均每十万就业人员	0.5	3.6	4.1
外城(除内城)	51.0	211.0	262.0
平均每十万居民	1.2	4.9	6.1
平均每十万就业人员	2.9	12.0	14.9
东南部其他地区	839.0	1105.0	1944.0
平均每十万居民	4.9~10.1	9.5~10.9	14.4~21.0
平均每十万就业人员	10.9~22.7	20.8~24.5	31.7~47.2
英国东南部总计	895.0	1363.0	2258.0

注： 1)表中数字包括在建道路。
2)在伦敦中心区共计有68100个停车位，平均每1000就业岗位有56.5个停车位。
资料来源：LRCETAL, 1995, P76; P80

英国利用铁路输送量   表5

年份	旅客（百万人/公里）	货物（百万吨/公里）
1955	32682	34916
1960	34676	30496
1965	30116	25229
1970	35576	26807
1975	30256	20896
1980	31700	17640
1985	29700	16047
1987	33140	17365

6. 港口

内河港口

英国天然河流共500多公里可通货船，年运货量为8000多万吨公里。当然，工业革命时期内河运输繁荣的时代已一去不复返，货物运输主要为公路所替代。

海运港口

英国的海运虽不再像昔日那样称霸于世，但仍占居领先地位。英国的进出口达世界第五位，其中大部分货物通过海运。知名港口十多所，年吞吐量3.8亿万吨，伦敦港泰晤士河入海口处的泰晤士港群(Thames Port)和东英吉利地区的费利克斯多(Felixstowe)是主要的集装箱门户。英吉利海峡与法国隔岸相望得多佛尔是跨海车密度最密集的地方。90年代以后海峡隧道开通更加强了英吉利海峡两岸的联系。

二、CBD区概况

(一)伦敦城(The City)

伦敦城是中央统治区中ＣＢＤ含量最高的地区，面积2.5km²。是世界外汇和证券、贸易中心，被称为"金融城"（图15、16）。

英国中央银行、劳埃德保险公司、英国皇家交易所等一系列世界最大的金融、保险机构的总部和几百家英国银行、外国银行的分支机构设于此，股票、黄金、外汇和各种商品的交易所也设于城内，其股票市场与纽约并重，外汇交易市场称雄于世界。

1. 伦敦城的金融地位自18世纪已被确定，在《国际经济中心城市的崛起》

伦敦郊区铁路及地铁网分布（km）

表6

	郊区铁路(km)	车站数	地铁(km)	车站数
中央统计区	15.1	23	51.2	62
平均每10万居民	10.0	3.2	34.1	41.0
平均每10万就业人员	1.2	1.9	4.2	5.2
内城（除中央统计区）	156.7	101	94	103
平均每10万居民	6.7	4.3	4.0	4.4
平均每10万就业人员	15.7	10.1	9.4	10.3
外城（除内城）	397.9	205	160.2	113
平均每10万居民	9.4	4.8	3.8	2.7
平均每10万就业人员	22.7	11.7	9.1	6.4
东南部其他地区	2549.7	564	50.9	15
平均每10万居民	20.9～27.3	4.8～5.6		
平均每10万就业人员	46.9～59.9	10.5～12.6		

注：包括在建铁路。
资料来源：LRCETAL，1995，P77

1991年通勤交通方式使用情况（%）

表7

	铁路/地铁	公共汽车	小汽车	其他
全天	71	8	13	
中央伦敦	26	11	40	
内城（除中央伦敦）	8	11	61	
早高峰				
中央伦敦	74	9	16	1
道克兰区	33	10	40	17

图15 伦敦金融区

一书中，对伦敦成为金融中心的发展过程有如下描述：

前工业化时期，伦敦是国家的政治与商业中心。

17世纪中期，英格兰和苏格兰合并，伦敦成为英国的首都，同时成为英国的最大贸易中心（占全国贸易量80%）和经济核心，作为国内贸易中心，伦敦的功能表现在以下4个方面：

（1）国内产品的主要输出港口（呢绒、小麦等）。

（2）进口货物的主要口岸（1700年伦敦的进口量要占全国的80%）。

（3）国际转运贸易中心（自16世纪起，欧洲的商业贸易中心开始向英吉利海峡两岸转移，伦敦和阿姆斯特丹成为最重要的两个港口城市……据估计，在伦敦中转的货物价值等于除纺织品之外英国出口商品价值的总和。）

（4）手工业中心（面向全国的高级消费品及再出口商品）。

因而，至18世纪英国伦敦已成为大的商业中心。

在伦敦经济发展过程中，曾有许多新经济政策及措施，为后来伦敦成为国际经济中心城市奠定了基础。

16世纪建立了一批特许贸易公司，其中最著名的是东印度公司，是现代公司制度的最早起源，贸易发展使伦敦街头和咖啡馆开始了股票交易。1773年，伦敦皇家股票交易所开始营业，标志着伦敦成为证券交易中心的开端。

随着航海事业的发展，17世纪，为分担海运可能遭受到的风险，英国率先出现航运保险业，1688年，麦德华劳合开设了一家咖啡馆，后成为进行海运保险交易的中心。1720年英国议会通过一项法案，规定海运保险业务只允许在劳合咖啡馆内进行。这标志着伦敦海运保险市场正式形成，现劳埃德保险公司已发展成为世界最大的保险中心之一（图17）。

1694年，英国成立了英格兰银行，至1830年，伦敦已拥有100多家独资银行。到20世纪初，英国形成了以伦敦为基础的5大股份银行，存款额占全国的2/3，贸易金融保险业的发展，使伦敦成为全英国甚至全世界的国际金融中心，一直到第二次世界大战前，英国一直保持世界最大的资本输出国地位。

18世纪末，在英国出现了以蒸汽机的应用为标志的工业革命，这场工业革命形成了以纺织工业为主导的第一次经济发展浪潮，形成了一批工业城市。英国利用工业革命的成果，以武力征服其他国家，建立了全球最大的殖民帝国。

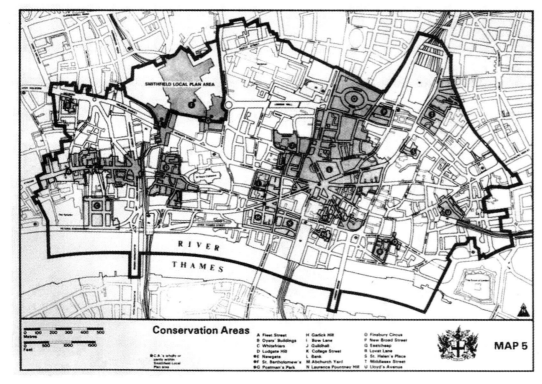

图16　伦敦城金融中心

随着港口及铁道的发展，伦敦城市发展很快，1901年人口已达658万人。

19世纪末及20世纪初，以应用电力为标志的第二次工业革命时代，各国技术革新与工业生产迅猛发展，美国、法国等后起资本主义国家积极发展新兴工业，使经济大幅增长，但英国却发展其殖民主义。1914年，英国殖民地面积达世界面积的1／4，成为所谓"日不落帝国"。由于英国在与殖民地贸易往来中获利主要以纺织品业和纺织工业产品的输出，工业衰落。第一次世界大战中，英国和整个欧洲受损，美国成为世界经济中心。至30年代，英国经济长期处于萧条之中，后又经过第二次世界大战影响，发展停顿。

之后由于英国调整了一些工业，发展电力、电力机车、汽车、飞机工业等，至1951年英国制造业人口达140万人，仍属世界第三大工业国，但后期经济结构老化，殖民地丧失，降为第六位工业化国家。

至20世纪60年代后，英国适应后工业化社会而经济转型，金融保险业发展迅速，从事第三产业人数占英国就业人口中的主导地位，金融保险业的GDP已达伦敦的1/3以上。

伦敦金融保险业规模大，国际化程度高，是全球规模最大的外汇交易中心。日交易量达3000亿美元，相当于纽约和东京外汇交易量之和。

伦敦是世界最大的国际保险市场和主要黄金市场及国际贷款中心。

图17　劳埃德保险公司

在伦敦，在外国银行就业者达6万人，拥有70多个国家的470家银行分支机构。

1986年10月，伦敦证券交易所实行了被称之为"宇宙大爆炸"（Big Bang)的政策，放宽限制，允许本国和外国的金融机构申请为交易所成员，并可百分之百收购交易所成员公司，交易所成员公司可以拥有证券交易商和证券经纪商双重身份，取消固定佣金制，设置电脑交易。再加上英国本身为格林尼治零时区的地理条件，处于世界股票公司24小时运行的时区圈上。因而，伦敦的国际金融中心位置更加确立。1989~1993年，国际证券交易额已达1万亿美元。

2. 伦敦的金融机构类型见表6。

计有中央银行是英国国家银行，商业银行有交换银行，商业信贷银行等，保险业有各种类型，如投资保险银行，还有投资机构、市场与交易所等。

3. '99《财富》统计全球最大500家企业中，英国有37家，其排位与名称如下面框线内容。

(二)CBD区办公面积

1. CBD区人口（指CBD区就业人口）

CBD区的规模取决于其就业人数，因而从事第三产业者人数是计算办公面积需要量的依据。

据伦敦研究中心(London Research Center)发表资料表明，1989年在伦敦各行业从事第三产业者人数见表8。

从统计可看出，在伦敦城从事第三产业者为32万人，大伦敦从事三产者为356万人，其中从事银行金融办公者达112万人以上，如果按英国统计人均办公建筑面积为20m²/人计，则伦敦城32万人的办公

面积为630万m²，大伦敦应有7000万m²办公面积。

表9为1974~1994年商业建筑面积实有量，由于统计口径的关系，政府行政办公以及其他公共建筑未包括在内，只能作为发展趋势的参考。

据伦敦研究中心资料预测，至2001年，伦敦CBD区人口预计为357~366万人左右，比90年代将还要增长。2001年伦敦城市人口预测为679~691万左右，至2011年，人口将增长至684万~720万左右（表11、12）。

2. 中央商务区CBD业务功能

伦敦的金融业及服务业构成除银行、证券公司之外，服务业包括法律、会计、咨询、广告、设计、科学、教育卫生等部门。

据统计，在伦敦金融中心开业律师有1.5万名，1986~1992年间，律师行业的国际收支净收入由1.9亿英磅增长4.71亿英磅。在伦敦注册会计师达2万人。

由于伦敦是商品市场中心，伦敦金融交易所、国际石油交易所和伦敦商品交易所，1988~1993年业务量增加35%。

019(位) BP-AMOCO 　　　　BP阿莫科公司　　　　　　　　（石油工业）	311	MARKS&SPENCER 马克斯与斯宾塞公司　　　（零售连锁店）
043	UNILEVER 联合利华公司　英／荷　　　　　（化工）	323 SMITH KLINE BEECHAM 斯密斯克林比凯姆公司
058	CGU　CGU公司　　　　　　　（保险）	326 GLAXO WELLCOME 葛阑威尔克姆公司　　（生物、医药）
074	PRUDENTIAL　谨慎公司　　　（保险）	330 CABLE&WIRELESS 电缆与无线电公司
109	TESCO 特斯科公司　　（超级市场联销店）	360 SAFEWAY 英国安路公司　　（超级市场联销店）
108	BT　英国电信	363 CENTRICA　森特理克公司
130	ROYAL&SUN ALLIANCE 皇家与太阳联盟公司　　　（保险）	365 KINGFISHER公司
137	LLOYDS TSB GROUP 劳埃德TSB集团公司　　　（金融）	371 LEGAL & GENERAL 法律通用保险公司
158	BARCLAYS BANK　巴克利银行	373 ROYAL BANK OF SCOTLAND 苏格兰皇家银行
163	NATIONAL WESTMINSTER BANK 国家威斯敏斯特银行	389 BRITISH AEROSPACE 英国航空航天公司
164	BRITISH AMERICAN TOBACCO 英美烟草	407 BRITTISH POST OFFICE 英国邮政局
189	DIAGEO　弟阿格公司	410 GEC(GENERAL ELECTRIC CO.) 通用电气公司
221	ABBEY NATIONAL 阿贝国家公司　　　　（地产、金融）	427 BRITISH STEEL　英国钢铁公司
234	NORWICH UNION 诺利治联合公司　　　（保险、金融）	454 PENINSULAR & ORIENTAL 半岛东方汽船公司
248	HALIFAX 豪利法克斯建筑会社　（地产、金融）	475 SCOTTISH WIDOWS FUND 苏格兰鳏寡基金　　　（金融、保险）
258	INVENSYS　创意系统公司	482 ASTRA NENECA 阿斯特抢珍尼公司
262	IMPERIAL CHEMICAL INDUSTRIES　帝国化学工业公司	492 GREAT UNIVERSAL STORES 大宇宙商店
273	STANDARD LIFE ASSURANCE 标准人寿保险公司	
275	BRITISH AIRWAYS 英国航空公司	

随着各类专业服务业的发展，伦敦成为服务业大公司的总部集中地，《金融时报》1988～1989年刊出1000家英国大公司中，有208家服务业公司总部设在伦敦，其行业涉及贸易、商业、房地产、广告、旅游娱乐、市政工程、交通通讯等。

3．CBD区业务面积变化

据日本"大都市比较研究资料"提供，在第二次大战后，办公面积供给不足，几乎无空置率，伦敦城1939年共有办公面积约合351万m²，由于战争，至1949年减至290万m²，1957年恢复至战前水平，之后年增约9290.3m²。1949～1968年，事务所面积增加了52.1%，而工业用面积仅增6.1%。表明伦敦对CBD区事务所面积需求之大。

表13为伦敦城各用途面积。

表14为1961～1976年伦敦事务所建筑面积。

从上可看出，中央统计区事务所面积年增6.4%，占大伦敦事务所面积比为57～62%，伦敦城在1976年共有办公用房面积为1849万m²。大伦敦共有3234万m²事务所面积。

表15表示在大伦敦内从事办公者有161万人，人均办公面积指标为20m²/人（1976）。

表16为1951～1966年在伦敦中央统计区建成办公楼栋数，共建1064栋，4610万m²。

表9统计，在伦敦城地区1994年有办公用房400万m²，西敏寺等区有424万m²，两者共计办公面积824万m²，其中，近20年中所建办公楼占相当大的比重。

表10所示为伦敦城部分办公面积租金。租金的水平随区位的不同而相异，但在世界大都市中，伦敦的单位办公面积租金属于中游。

三、伦敦CBD区的再开发

（一）再开发的起因

1．70年代伦敦就业人口下降

60年代之后，英国的产业结构也发生很大变化，特别是第一次产业下降，此间城市郊区化现象出现，伦敦受影响很大，有不少企业外迁或倒产，就业人口大幅下降，至1981年就业人口减43万人。

在减少就业人口及人口中，以制造业第一次产业居多。据统计，1971～1981年，伦敦服务业人口增加近8万人，占14.7%，而制造业减少39万人，占33.8%（Gillespie and Green提供）。

1989年伦敦各行业从事第三产业数人数　　表8

地区	办公	店铺	银行金融	行政国防	其他 第一、二产业及能源	共计
伦敦城	191361	5732	29777	18030	70311	315211
内伦敦	480321	193966	219096	547538	545450	1984371
外伦敦	166591	208793	153743	355937	687249	1572313
共计	646912	402756	370839	903475	1232699	3556684

1974～1994年商业建筑面积实有量(1000m²)　　表9

	1974年	1984年	1994年
全英格兰	35700	48200	61700
英格兰东南部	19200	26510	34764
大伦敦	14100	17996	20975
东南部其他地区	5100	8500	13800
伦敦城地区		3501	4002
西敏寺地区		4855	4241

注：1）本表不包括政府办公建筑、影剧院、俱乐部、旅馆、酒馆、医院、大中小学及图书馆。
2）1994年商业建筑单位平均面积为250m²。
3）表中统计数字误差率为5%。
4）1998年伦敦道克兰区的商业建筑面积约200万m²。
资料来源：DOE，1995

5A级办公建筑实际年租金　　表10

	美元/平方英尺
东京	123.4
伦敦	74.9
巴黎	54.2
纽约	20.4～27.7

注：1m²=10.7639平方英尺
资料来源：转引自LLEWELYN—DAVIESETAI 1996

伦敦将来人口预测(1981～2001)(单位：1000人)　　表11

			1981	1985	1986	1991	1996	2001
预测1	男性	上限				3252.2	3291.7	3435.4
		下限	3280.5	3251.4	3255.2	3247.0	3272.9	3368.5
	女性	上限				3471.8	3499.9	3630.0
		下限	3525.2	3486.6	3487.7	3466.8	3481.9	3565.8
	合计	上限				6724.0	6791.6	7065.4
		下限	6805.7	6738.0	6742.9	6713.8	6754.8	6839.5
预测2	男性	上限				3269.6	3298.6	3374.7
		下限			3255.6	3264.4	3279.8	3309.3
	女性	上限				3489.6	3507.6	3570.3
		下限			3488.4	3484.6	3489.6	3507.6
	合计	上限				6759.2	6806.2	6945.0
		下限			6744.0	6749.0	6769.4	6816.9

注：1）1981、1985年是既定值。
2）预测1为考虑住宅控制情况，预测2为部考虑住宅控制情况。
资料来源：London Research Center

伦敦CBD将来人口预测(1981～2001)(单位：1000人)　　表12

			1981	1988	1990	1991	1996	2001
预测1	男性	上限				166.1	169.0	175.1
		下限	177.0	166.7	166.3	165.9	168.1	173.4
	女性	上限				183.4	184.9	190.6
		下限	195.7	185.7	183.9	183.1	184.0	188.5
	合计	上限				349.2	353.9	366.1
		下限	372.2	352.4	350.2	349.0	352.1	361.9
预测2	男性	上限				170.0	171.5	173.2
		下限		169.6	169.9	169.7	170.5	171.2
	女性	上限				187.8	187.6	188.2
		下限		188.1	188.1	187.6	186.7	186.4
	合计	上限				357.8	359.1	361.4
		下限		358.0	358.0	357.3	357.2	357.6

注：1）1981年是既定值。
2）预测1为考虑住宅控制情况，预测2为部考虑住宅控制情况。
3）CBD区指伦敦城区和西敏寺城。
资料来源：London Research Center

伦敦城面积分配情况(单位：万m²)　表13

年次	事务所	仓库	工场	店铺	住宅
1939	3493	2072	920	381	93
1949	2926	957	455	251	65
1957	3512	966	465	260	65
1958	3682	966	465	270	65
1959	3781	966	483	270	65
1960	3902	975	492	270	65
1961	3985	985	492	279	65
1962	4060	966	492	279	65
1963	4153	948	492	279	65
1964	4274	948	483	288	65
1965	4320	938	492	297	74
1966	4357	957	492	297	74
1967	4441	957	492	297	74
1968	4450	957	483	297	74
1949～1963 年的增加率(%)	+52.1	0	+6.1	+18.5	+14.3

资料来源：J.H.Dunning and E.V.Morgan(eds).An Economic Study of the City of London London;Allen & Unwin;1971 p.32

中央统计区事务所面积的增加　表16

年次	事务所面积(万m²)	建筑物平均面积(m²)	建筑物数量
1951	5.6	4236.4	14
1952	10.2	5035.3	20
1953	8.4	4347.9	19
1954	6.5	2917.2	21
1955	17.7	3864.8	47
1956	38.1	3233.0	117
1957	39.0	3734.7	105
1958	54.8	4245.7	129
1959	42.7	2991.5	142
1960	39.0	3316.6	119
1961	27.9	2796.4	100
1962	43.7	4896.0	89
1963	29.7	2842.8	106
1964	36.2	4273.5	86
1965	20.4	3158.7	66
1966	40.9	5137.5	79

资料来源：P.Cowanet al. The Office:A Face of Urban Growth London;Heinemann,1967,p.183

伦敦事务所面积(单位：万m²)　表14

事务所面积	中央伦敦	增加率(%)	内伦敦	增加率(%)	外伦敦	增加率(%)	大伦敦	增加率(%)
1961	15608	－	4088	－	5481	－	25267	－
1966	16630	6.5	4.459	9.1	6410	16.9	27499	9.2
1971	17373	4.5	4645	4.2	7.432	15.9	29.449	7.0
1976	18488	6.4	5110	10.0	8547	15.0	32145	9.1

资料来源：Great London Development Plan Inquiry, Industrial and Office Floorspace Targers. 1972～1976.London;Greater London Council,Background Paper,B.452,1971,p.94

大伦敦人口雇用的变动(单位：千人)　表17

	1961～1971	1971～1981		1981～1989	
	人口	人口	雇用	人口	雇用
内伦敦	−460.9	−534.0	−335.4	−230.1	−17.3
外伦敦	−79.2	−205.2	−91.3	180.8	−11.7
大伦敦	−840.1	−739.2	−426.8	−49.3	−28.9
东南区	973.5	−134.9	−104.2	373.6	460.0

在大伦敦区内每人所占办公面积　表15

年次	事务所总面积(万m²)	事务所总人数(1000人)	每人所占办公面积m²	变化
1961	25177	1404	18	－
1966	27500	1535	18	0.0
1969	28800	1512	19	+6.2
1976	32330	1610	20	+5.4

资料来源：Great London Development Plan Inquiry, Industrial and Office Floorspace Targers. 1972～1976.London;Greater London Council, Background Paper,B.452,1971

人口和雇用变化(单位：千人)　表18

地区	1961～1971	1971～1981		1981～1989	
	人口	人口	雇用人口	人口	雇用人口
内伦敦	−460.9	−534.0	−335.4	−230.1	−17.3
外伦敦	−79.2	−205.2	−91.3	180.8	−11.7
大伦敦	−840.1	−739.2	−426.8	−49.3	−28.9

表19表示1963年至1977年，事务所各业种事务所从伦敦迁出情况。

2. 迁出原因

一方面，伦敦70年代经济回落，人口迁出与经济形势有关，受与70年代世界经济危机影响，又加上英国自身政治经济原因而造成。

①英国殖民主义体系"大英帝国"瓦解

70年代，英属殖民地附属国已有50多个国家宣告独立，英殖民体系瓦解导致"帝国特惠制"、"英镑区"特权贸易条件逐渐消失，1951～1979年，英国对英联邦国家出口从占总出口总值的50%下降到14.8%，进口从占进口总值的41%下降到9.5%。

②英国工业结构老化，竞争力下降

自50年代以来，英国的经济总量逐渐落后日、德、法等国，下降为世界第六位工业化国，工业特别是制造业萧条，据称1966～1974年有28万人失业，致使制造业人口迅速减少。

另一方面，伦敦的人口和就业变化也与城市发展的机制与政策相联系。

a. 政策

英国1949年制定工业分散法，1946年制定新城法，1949年提倡田园都市论等诱导工业企业和居民疏散，将伦敦分散化，50年代、60年代都在实行分散政策，1946～1950年建近5万人的新城8处，1961～1966年又建3～5万人新城7处，有迁出20万人计划。

1970年实行人口和产业向都市外圈迁移，提出城市用地功能分区等等。政府本身希望减少伦敦压力，促使郊区地方经济的发展。导致大伦敦从60年代的745万人降至1981年的670万人，就业人口也大量疏散到郊外。

b. 税金及税收

由于ＣＢＤ区办公面积租金过高，对租用者居住者的税收也高于其他区域，而导致不少事务所迁移，如1963～1976年转移的事务所达333家，达9万余人。

c. 环境和交通

由于中央统计区交通拥挤，环境差也是造成迁移的原因之一。

以上种种原因与英国资本主义发展停滞，政策措施不力，逐渐失去竞争力有关。

3. 振兴与再开发策略

自1979年保守党撒切尔政权为改变英国经济状况提出一系列新的政策，为促使经济再生，发挥私营企业作用，缓和各种限制条件，对城市开发地区指定"企业开发地区"，以都市开发公司诱导促进衰退地区再开发。对所指定的25个地区实行免税奖励等，并简化都市计划手续，废除大伦敦议会（GLC），成立大伦敦协议委员会（GLCC）执行管理，发挥下属自治体作用；利用民间企业实力促使经济活性化；停止建新城政策，提倡在内伦敦区建设住宅，在融资方面也有倾向性，1979年在融资方面给予开发商优惠条件。如对新建及改良工业用地可融资，对指定工业改善地区的工场增筑改筑、改善环境方面等进行补助及可融资等等。

撒切尔的金融自由化政策更促使金融业发展，对振兴中心区计划10年吸收20万人，计划提出每年增加15000就业者的计划。

这一系列措施也促进了都心ＣＢＤ区的再开发，由于都心建筑密集，开发难度很大，为保护老城面貌提出保留原建筑外墙、内部改建的方式。

（二）再开发项目

日本出版的《世界都市再开发ＮＯＷ》一书中，对伦敦再开发项目作了统计(表20)。8地区共2400hm²范围再开发，多在旧港区旧车站区。图15表示再开发地区位置。

实例

●皇家证券交易所

于伊丽莎白1世时代设立，旁为英格兰银行，皇家证券交易所现用为国际金融期货交易所，3m高的山花及科林斯式柱的古典建筑，当时作为金钱能量的代表。建筑前有小广场，是伦敦城的金融

1963～1977年迁出伦敦机构数和就业者数　　表19

所属部门	单位数量	比例%	就业者数	比例%	迁移比例%
第一次产业	4	0.19	31	0.02	0.04
制造业	706	34.36	54558	34.13	1.06
建筑业	58	2.82	6612	4.14	2.06
煤电水	3	0.15	565	0.35	1.14
商业流通	258	12.55	11163	6.98	0.10
保险业	248	12.07	31385	19.63	1.06
银行金融业	88	4.28	15906	9.95	2.9
专门、科学服务	211	10.27	8894	5.56	1.41
业务服务	136	6.62	6385	3.99	0.75
各种服务	116	5.64	5637	3.53	0.57
商业关速服务	99	4.82	2286	1.43	0.83
交通通讯	117	5.69	15915	9.96	0.57
公共服务	5	0.24	209	0.13	1.11
不明	6	0.29	299	0.19	0.63
共计	2055	100	159845	100	0.12

上表表明、1963-1977年、从伦敦迁至外地单位超过2000个、就业人数迁出近16万人。

伦敦再开发项目　　表20

编号	名称	类型	摘要	面积	期间	交通位置
1	Barbican Centre 巴比坎中心	都心型再开发	在第二次大战后发展地区新建住宅及艺术中心区内采用双层人工地面使人车分离	248hm²	1979年完成	近莫盖特地铁站及巴比坎站
2	Landon Docklands 伦敦道克兰	旧港湾地区再开发	邻近伦敦城的旧港湾地区，新建金融中心、办公、住宅的新城	2200hm²	90年代初步完成，目前仍在扩展	近地铁到维尔西站的高层入口轻轨 Light Railway
3	Covent Gardlen 康文花园	都心部再开发	旧农产品市场，花市场地区作为商业、业务设施修复型再开发	36hm²		国铁、地铁康文花园站
4	Broad Gate 布罗德大门	都心部再开发	利物浦路站周围再开发	建筑37万m²		国铁、地铁利物浦路站
5	Embank-ment place 筑堤处	车站再开发	在查林·克罗斯站上部增设3.2万m²办公用房	3.2万m²建筑		国铁查林克罗斯站
6	Victoria plaza 维多利亚广场	车站再开发	一期维多利亚站上建5层1.8万m²办公用房，二期再建3.3万m²办公用房	共5.1万m²建筑		国铁维多利亚站
7	Kings cross 金克罗斯	铁道用地再开发	金克罗斯范围铁道用地再开发	50.6hm²	计划	国铁金克罗斯站
8	旧伦敦市政厅再开发	都心再开发	改造旧市政厅3栋中2栋(保留外坪)改建为旅馆		计划	国铁、地铁滑铁卢站

图18　皇家证券交易所

图19 老区环境

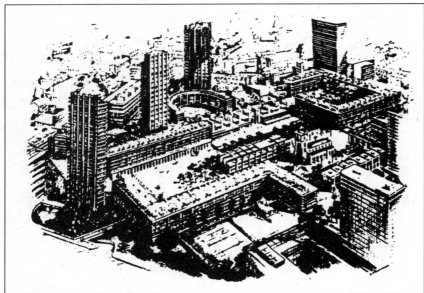

图20 巴比坎再开发地区

图21 查林克罗斯河岸大厦

核心(图18)。

●老区再开发实例

1. 伦敦劳埃德保险公司(Lioyd'S of London)

位于伦敦金融街，是伦敦城内著名新建筑，世界著名的劳埃德保险公司的总部，于1978年国际竞赛理查德·罗杰斯方案当选，是高技派的代表作之一。

矩形平面，中心有中庭，平面简洁，但设备和电梯全露明，设计主题是按将内部外部化、外部构成内部化的反转构成思路设计，当时是伦敦ＣＢＤ区第一个高层建筑(图19)。

2. 巴比坎中心(Barbican)

位于伦敦中心街城北的巴比坎，近圣保罗大教堂。罗马帝国时代，巴比坎是监视外敌的要塞部分。在工业革命以后发展为纺织工业、服饰业、印刷业的中心，第二次世界大战后受空袭毁坏。

再开发定位为住宅和艺术中心，于1979年完成。新开发的巴比坎中心建筑有艺术中心、歌剧院、学校、图书馆、住宅（2113户）、办公设施和展览场等。艺术中心很著名，拥有２２０６席的巴比坎剧场。

这里有皇家莎士比亚公司剧团的６８７演示厅，也是伦敦交响乐团所在地，还有三所电影院，２所展示场地，因此巴比坎中心被称为"艺术的殿堂"。

自1955年开发，1962年开始建住宅，1982年已全面完成，建设费共1亿5千万英镑，全由英国政府出资，共有６５００人居住，是CBD都心主要住宅区(图20)。

3. 查林克罗斯河岸大厦(Charing Cross Station)

查林克罗斯车站是伦敦主要车站，在再开发时为保持交通通畅，将大厦7~9层办公建筑悬架于横路铁轨站上，有4万m² 的办公面积支承在车站平台的１８根柱子上。拱状结构，商店和餐厅设在车站的地下室部分，由泰瑞·法莱尔(Terry Far-rell)设计(图21)。

（资料来源《现代建筑三人行》）

4. 沃尔克斯霍尔克斯大厦[Vauxhall Cross (M16 Bullding)]

1992年建，位于泰晤士河南岸，被称为模仿３０年代纽约摩天楼和２０年代赖特风的办公建筑。由泰瑞·法莱尔设计(图22)。

5. 盛世大厦

１９９９年建成，位于伦敦波罗河交易域，高179.8m，全部为对角线型钢框架作支撑结构，由苏黎世的瑞士尼留鸟保险公司建造，福斯特设计。

四、伦敦道克兰CBD中心

(一)道克兰开发区概况

伦敦道克兰区位于距伦敦城8km的伦敦塔桥的下游，泰晤士河向东流域12km左右的海岸地区，总面积约2200hm²，水面有200hm²（图23）。

道克兰区过去是港湾，自1802年至1920年的120年间沿泰晤士河开发了11个道克兰地域，如西印第安港口（WestIndia Dock）是最早开发的商业区，中部半岛状的道格岛（lsle of Dogs）面积最大，最盛期年间航运量达4000万吨，曾占英国全部的航运量29%（1909年），是伦敦港的心脏部。

自1960年以后，航运对港湾功能要求加高，主要港口转向泰晤士河口部的国际港口，道克兰区经济衰退，1967年东印第安港口（East lndia Dock）被关闭，1968年伦敦道克兰（London Docks）被关闭。

1967～1980年造成15万人失业（失学率9达24%）。

道克兰地区人口由1976年的5.5万人减至1981年的3.9万人，致使道克兰地区衰落，面积近半闲置。

自1970年以来，曾几度制定对道克兰区的再振兴计划。

1974年工党政府曾成立道克兰共同委员会，简称DJC，准备再开发。

但遇到困难很大，由于道克兰的土地多属于大公司所有。如伦敦港湾公司持有533hm²（占80%），伦敦煤气公司持有250hm²，泰晤士水道公司持有164hm²，中央电力公司持可有30hm²等。由DJC取得土地困难，而且开发方向不明，对于进入后工业化时代，金融业兴起，引起开发内容的变化初期不够明确。

1979年，保守党撒切尔政权废除DJC，成立LDDC（伦敦道克兰开发公司，London Docklands Development Corporation），主管道克兰区的再开发。

撒切尔政权认为造成第二次大战后英国经济不调的主要原因是过去以福利国家理念来经营，政府机构庞大。过多限制民间经济发展，必须对经济结构进行调整，首先是尽量促使私营经济发展推进自由经济的发展，限制地方自治体的支出，对城市发展政策作了调整，如对建筑及都市计划制度限制的缓和，1982年设立都市开发补助金，1986年又导入都市再生补助金，新的都市补助金等措施，促使融资便利等等。对有些指定区

图22　沃尔克斯霍尔克斯大厦

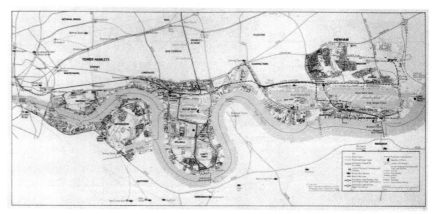

图23　道克兰开发区

给予优惠政策，道格岛区是优惠区之一，享受10年免除企业地方财政税及对商业、产业、建筑的优惠政策等以导入民间开发商进入。LDDC开发公司并不直接进行住宅、工业、商业等开发项目，而是为推进开发的服务性组织，由英国环境大臣任命的理事会运营，资金来源于政府补助金及国家融资资金。

为适应后工业化社会的需要，道克兰区的金融以商业工业住宅为主，其功能与伦敦城互补。

LDDC提出的首要开发目的为："对土地和建筑等最有效的利用，促进已有及新建的工业、商业开发，创造出有魅力的环境，为区内居民建设充实的住宅和社会设施，保证区域的再生。"

LCCD直属英国中央政府，与地方自治体脱勾，行政关系单纯化，LDDC得到政府的权限为：

①财力：通过环境部得到财力支援，最初年平均6000万～7000万英镑，1991年增加到2.77亿英镑。

②获得开发控制权限；投资者取得地区自治体的许可，在开发公司的帮助指导下，迅速开发。

③取得土地的权限；通过国会认可的特别手续，从公共部门可迅速取得土地。

④取得对道格岛企业区的管辖权。

⑤有振兴道克兰区市场繁荣的权限。

由于以上特权，CDDC从原属大公司所有土地者手中，取得639hm²开发土地全面进行再开发。

道克兰分为四个大区
①伦敦塔桥东邻沃平区
②泰晤士河南岸萨里港口区
③泰晤士河中有U形半岛式道格岛区
④最东部的皇家港口区

LDDC分析了道克兰区地理优势；认为是伦敦大都市圈中唯一可大规模再开发的用地，与伦敦城CBD区紧邻，而有英国最富有的东南部中心，近欧洲大陆主要市场，地区具有可再开发的活力，可创造出就业机会，对160hm²的水面利用可提供优良环境。决定推进利于改善道克兰印象和持续发展有利的项目开发，诱导民间投资进入，对取得土地进行基础设施整备后向民间卖出或长期租用，建设与伦敦相同便利的交通网，改善住宅教育，提高生活快适度。

LDDC开发着手于水面的保全与优化环境，首先建设轻轨（Dockland Light Railway）。

决定对道格岛企业区重点开发。

(二)道格岛企业区再开发

1982年开始对道格岛中部区195hm²再开发，首先制定免除企业地方财政税。对投资者的免减税对规划制度条件缓和等。

对适应本地区的市场开发土地利用情况的商业等投资商得到认可提供便利。

特别注意引进大型著名技术投资公司投资，注意引进著名公司进住。

经过10年开发投入13.5亿英磅，导入91亿英磅民间投资，其中商业投资占2/3，从日本、瑞典、科威特等国都有投资，引进1500家企业，造成4.1万人就业，人口增长6.2万人。

但从城市规划方面来看，由于交通与土地开发没有很好协调，加之对于建筑形象的控制过于宽松，也有许多不成功之处。

(三)加纳瑞金融中心开发（Comary Wharf）

加纳瑞是伦敦的新区的金融中心（图24、25）。

最初由计划内CSFB和美国特莱沃·斯蒂科（Travelsteak）共同建造了开发公司，准备建82万m²办公，4.6万m²商业用途的伦敦第二金融中心，但未能实现。

1987年由世界最大开发公司——奥林匹克开发公司进行开发（曾开发纽约国际金融中心）。

加纳瑞中心共110万m²，由22栋大厦组成，第一期建设总面积为45万m²的8栋建筑。

1988年3月开始建设，1990年6月高240m欧洲第一超高层Canary wharf塔建成（由西萨·佩利设计成为道克兰全区的标志性建筑（建筑群的设计者还有K.P.F等参加）。

1992年后，经济不调，建筑空置率偏高。

(四)道克兰其他区开发

沃平区，开发贸易商业住宅，1986年建成，商业工业面积27.5万m²。

萨里港口区，以住宅为主，建成3500户住宅，常住者达2万户。

皇家港口区，建成伦敦城机构，并设有最大通讯卫星地面站之一。

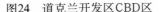
图24 道克兰开发区CBD区

参考文献

1.世界大都市伦敦.东京都，1994
2.世界都市成长和基盘整备
3.大都市问题比较国际比较调查大都市问题研究报告
4.SPACE DESIGN SERIES(10，高层)
5.丸之内再开发计划（有关国际业务中心的形成）.三菱地所株式会社
6.日本都市计划学会编.近代都市计划百年和其未来.彰国社出版
7.伦敦地图
8.大英帝国首都伦敦
9.最新实用世界地图册.中国地图出版社
10.世界主要城市地图册.中国地图出版社
11.李念培，孙正达等.英国.东方出版社
12.国际经济中心城市的崛起.上海人民出版社，1995
（本文为国家自然科学基金资助研究项目）

图25　道克兰开发区

（上接第82页）

同时，它把梅花的形象暗示得十分巧妙。这是含蓄，是艺术，但这正是中国文化的特点(也是中国人的特点)，不是直接了当地表述出来，总喜欢转弯抹角，峰回路转。又如园林入口处挡一块大石，名曰"障景"，其实正是这种人文特点的园林表述。这种实例不胜枚举。所以广东一带的岭南派园林被说成是受外域文化的影响了。园林中的一切，可以说都被"人化"了。因此也就需从人(园主人、游园者)的心态出发去研究。

园林作为一种文化，它的艺术问题是一种"再现"的问题。建筑的艺术性，以园林建筑为至上，因为只有园林建筑才真正称得上"再现"。例如园中的"画舫"，其实是"船"的再现；园中的亭，也是实际的山亭、路亭、江水亭的"再现"；园中其他的建筑物，也是有这种性质；池水、林木，同样如此。如何再现？这是手法了，是形而下。但"再现"则是其理论。顺此而去对待造园手法，则能知其实质了。

园林作为一种文化，它的至要者是其深层哲理，要从深层去研究其源流问题，滥觞其源，揣摩其流，分析其终极。但是，从实际看，对中国古代园林的研究，描述的多，哲理分析的少；手法理论多，文化理论少。这个现象，说明研究还有不足。《周易·系辞》中说，"形而上者谓之道，形而下者谓之器。"其实对园林来说，"道"和"器"都须重视。笔者在此文中着重的当然在"道"，但仅属一些管见，旨在开头。

注释
①详见沈福煦.豫园文化.上海文化.1995年（2）
②转引自.道教与传统文化.文史知识编辑部编.中华书局，1992
③十三经为诗经、尚书、易经、周礼、仪礼、礼记、公羊、谷梁、左传、孝经、论语、孟子、尔雅.
④苏州园林.题拙政园大门照片.同济大学建筑系编印，1956

沈福煦，同济大学建筑系教授

纯净与变异

——福建广播电视中心设计方案释义

余斡寒　汤　桦

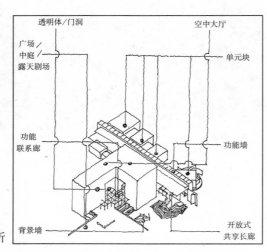

图1　各项构成元素解析

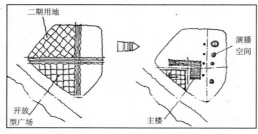

图2　构图意象解析

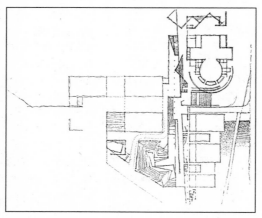

图3　设计草图之一

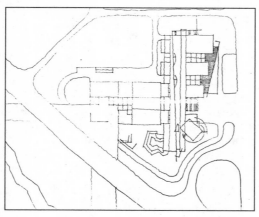

图4　设计草图之二

基本意念

纯净与变异是我们参加福建广播电视中心设计竞赛时，在方案构思过程中提出的两个基本意念。前者是设计者建立于正在实施的深圳电视中心的设计意念基础上，对广播电视传媒建筑的综合视觉形象的再次概括的结果，也是对建筑构成元素的几何特征的清晰度和建造材料的相互关系的认知反映。在功能、基地、地域、气候等因素的制约下，前者派生出了后者。两个基本意念的结合，尝试表达设计者以及业主、公众在新千年之始都普遍持有的高技术乐观态度，也是对张钦楠先生所说的"城市和建筑的世界性（平庸性）与建筑的民族性和地域性的矛盾"[①]的一种调和尝试。

纯净与变异，这两个基本意念在构思过程中，演变成为廊、墙、透明体、单元块、门洞等元素构成的组合意象。设计者借助绘制徒手草图、制作工作模型、建造计算机三维模型等手段，使意念、意象进一步物化。以下是设计者对各项构成元素的解析（参见图1）。

●透明体/门洞

透明体试图向公众展示广播电视传媒的高技术性。所塑造的门洞营造出开放、通达的空间气氛，也提供了数个在尺度、功能不同层次上的入口形式。

●广场/中庭/露天剧场

形成既有竖向变化又有视觉连续性的十字轴空间，可容纳公众各类行为、活动。宽缓的大台阶兼备行进的流动性和停留观望的静滞性。

●功能联系廊

是演播功能与制作、播出功能的连接中介，使透明体、广场与长廊、功能墙稳妥地结合。

●背景墙

以线的姿态或分割、或构筑广场空间，也是十字轴流线空间的终端。

●空中大厅

成直角关系的两个大厅，具备俯瞰闽江的良好视野，本身是构成透明体门洞的完成要素。

● 单元块

将功能相近的演播空间处理成大小不一、形式相似的单元体块，按体积顺序沿城市干道展开，具有指向闽江的动态趋势。

● 功能墙

容纳了必需的功能、设备的复合形态的背景墙，与长廊一并作为建筑群体的脊干，同时为演播单元块提供功能服务和起景观背景作用。

● 开放式共享长廊

以开放、透明为基调的线形共享大厅，面向广场、闽江开放。通透天顶的纯净与曲折地面的变异，因与规则柱廊结合而共存，其间蕴含表演和观赏区域叠合的多样性。

L形构图

建筑设计过程也许可以简单表述为这样一种程序：安置功能→寻求形式→营造空间→创建秩序。功能的需求由业主明确给出或暗示设计者帮助提出；空间是业主、设计者、公众三者之中部分或全体成员追寻的意象；设计者以形式作为专业工具，所创建出的秩序正是业主、公众所托付的营建活动的终极意义所在。对于建筑师来说，设计程序中最为关键的一步即是将构思中的意念、意象转化为几何构图的形式，也就是点、线、面、体诸元素的构成方式。寻找到构图中的基本几何形作为母题，创造出统一而又有变化的建筑形式，是建筑师的工作中超越了对功能、风格、时代等因素的考虑而更为本质的一部分，是以形态学的方法来解决建筑学领域的问题。

福建广播电视中心是一个总建筑面积逾十万平方米、工艺专业性强、功能较繁杂的大型待建项目，应当作为建筑群体来看。其用地为不规则的五边形，周边有两条城市主干道，两条主干道相汇的东南角，有一座以立交桥为引桥的跨江大桥将要建成，整个基地西南方向面对闽江。这是建筑创作者颇为理想的用地环境。对于设计者，此项目要解决的问题有两个：一是要满足较为繁杂的功能要求，二是要营造出城市广场的外部空间。而解决内外两方面问题的答案将统一在由功能、环境因素决定、产生出的建筑秩序之中。具体地说，设计者要寻找到某种特定的建筑语汇，以此作为形式创作中的母题。

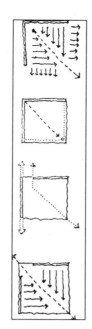
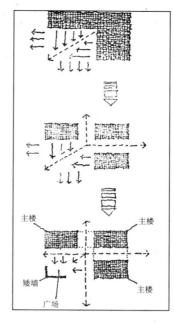

左：图5 动势解析
右：图6 不同尺度的相生关系

在反复阅读、研究任务书和甲方要求后，我们对大的功能区域作了初步划分。结合对在西北角保留二期用地和在西南角设置临江广场的考虑，设计者实地察看基地时，便有了十字形布局的构图意象。随着设计的深化发展，十字形布局被解析为多个L形的组合（图2～4）。为了营造面向闽江的开放型广场，三座高层主楼因两个空中大厅的连接，被塑造成一个巨大的L形体块，设计者又在其上开凿出两个互为直角的大门洞，复合成一个更大尺度的门洞形象。

弗郎西斯·D·K·钦在《建筑：形式、空间和秩序》一书中对L形的造型有这样的分析："L形的垂直面，从它的转角处沿对角线向外划定一个空间范围。这个范围被转角的造型强烈地限定和围起，而从转角处向外运动时，这个范围就迅速消散了。这个范围在它的内角处呈内向性，而沿其外缘则变成外向。这一范围的两个边缘，受到了这种造型的两个面的限定，而它的另外两个边缘将保持其含糊性，除非加上垂直要素、处理基面或加上顶面，才能使它们清楚地表达出来。如果在该造型的转角处引入一个空档，这个范围的界限就要被削弱。这两个面彼此就要分离，一个面好像被拉开，在视觉上比另一个显要。如果此二者都不往转角处延伸，这个范围在性质上则更加富有动势，本身则沿此造型的对角线来组合（图5）。一种建筑形式可以是L形的造型，并可作下列解释。造型的一臂，可以呈线式，并把转角处合并到它的边界中去，而另一臂可以当成附属体。或者把角独立出来，当成连接成两个线式要素的连接要素，一座建筑物可以用L形的造型，去形成它基地的一个角，围起一个与室内空间有关系的室外空间领域，或者遮挡起室外空间的一部分，将它与周围的不理想条件隔开。"②

在我们的方案里，三座主楼形成的一带有两个门洞的厚重L形体块，从设计结果上看是运用减法得到的，而在设计的实际过程中，这是设计者为了寻求更为单纯的形式要素，将长方形体块叠加而成的。与之反向的L形矮墙，一方面更为清晰地勾勒出广场的空间区域划分，

另一方面再次表达了L形与长方形在不同尺度上的相生关系(图6)。

多轮设计研究的进行，使我们在功能、造型、空间等方面有了基本成熟的考虑结果，继而有可能进一步纯化形式的语汇。大小不等的长方形盒体被表述为储有各类功能的容器，三座方形主楼再复合出了L形体块。设计者进而以无厚度感的各式L形墙体，以线的姿态，分割或构筑室外空间中的广场、露天舞台、水面、草地、楼梯、台阶、入口。四片L形矮墙，埋没于草坡间，是设计者在滨江公园场地上安设的空间构成框架，更

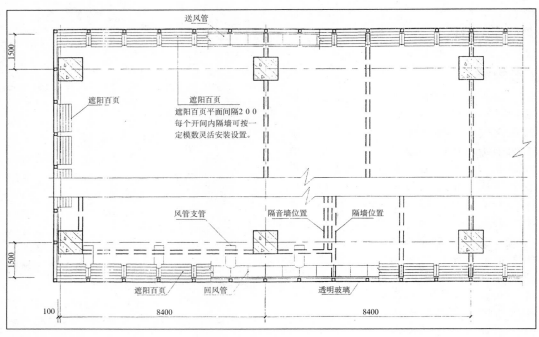

图7　主楼幕墙系统平面

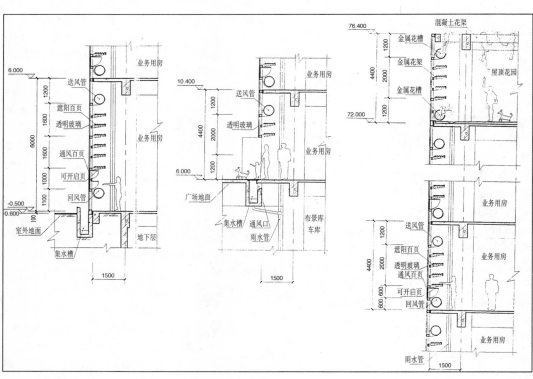

图8　主楼幕墙系统剖面

可以被理解为是以L 形为构图主题的建筑群体向闽江进行的形式衍射的物化。L 形主楼所形成的广场上聚集的巨大空间能量，起源于两个门洞之间，沿L 形的对角线向外放射，穿越滨江大道，被广阔的江面容纳。

经过设计实践，我们体会到了L 形造型在空间构成方面的一些特性，正如弗郎西斯·D·K·钦所说："L形的面是静态的、自承的，可以独自立于空间之中。因为它的端头是开敞的，所以是一种比较灵活的空间限定要素。它可以与另外一个或另外一些形式要素结合起来，去限定一个富于变化的空间。"③

表皮构造

在我们的设计方案里，福建广播电视中心由一条起着"脊"作用的"长廊"、串连于"长廊"两侧的"透明体"和一系列"单元块"所构成。"透明体"内为业主所需的办公、生产空间，"单元块"则蕴含着大小不等的演播空间，"长廊"将它们相联系，同时其内部也是一种自由形态的游艺空间。我们在设计过程中所关注的一点就是"透明体"即主楼部分的表皮设计。相应地，"单元块"主要表现为全封闭的体块，"长廊"则取全开放的姿态，这是由它们各自包含的功能决定的。

在设计意念上，主楼的形式呈现为"透明体"，试图向公众展示广播电视传媒的高技术性，设计者因而倾向于采用全透明的非反射玻璃作为表皮的材料。考虑到实际使用中采光、遮阳、空调、通风等方面的需要，我们最终设计了一种带肌理感的表皮，而肌理感正由表皮上附带具有功能意义的构件而产生。

设计者在主楼平面设计时，将主楼的长边即南、北两侧的楼板向外悬挑1500mm，空调风管和其他设备构件被安置于这个连通的空间里，而在东、西两端即短边处，幕墙与柱、梁、楼板直接相连，构件分布于柱间。我们将中央柱网形成的空间定义为"使用空间"，南、北两侧向外悬挑得到的可安放管道的通长空间为"设备空间"，这类似于路易·康在设计理查森药理研究大楼时运用的划分空间等级秩序的方法。主楼柱网尺寸为8400mm×8400mm。在平面布置时，考虑到每个柱间存在二等分、三等分和全空的多种可能，因而幕墙竖

挺在每个柱间的个数为6(即2和3的最小公倍数)。幕墙的竖向划分和室内隔墙分布统一于设定的模数体系之中，这种幕墙体系作为一种普适性的外墙系统，使受其服务的内部空间成为可按一定模数划分、改建、使用的通用空间。这样也许更能体现出总体构思中营建一片广播、电视传媒产品的生产基地的初始意念(图7)。

在剖面设计时，我们将横档与空调管道的挂架、遮阳百叶结合在一起，竖挺上直接连接了另一些遮阳百叶。管道挂架、遮阳百叶用铝合金制成，是幕墙系统整体中的一部分，它们一并作用，省去了栏杆、内衬墙。考虑擦窗的需要，百叶设在室内，其遮阳功能更多地以对室内光影的调节作用的形式来体现，同时还增添了搁置物件的使用功能。在方便手工操作的高度，设置了玻璃可开启叶，它的外表为铝合金通风百叶，整个幕墙系统因而具备了一定的"呼吸"功能。

为了更充分地表达"透明体"的纯净感，设计者"推导"出了幕墙系统在上、下两端部分的做法：在屋顶花园的外围处沿用这种表皮，并使之与现浇钢筋混凝土梁、柱形成的方格网状花架相连，百叶、管道也演变成了花架、花槽；在底部，设计了窄而深的集水槽，取代通常的勒脚、散水，以体现幕墙直接插没入基地的观感——设在地下层的集水槽处设有通风口，这是受重庆山地建筑的特有做法的启发而来的(图8)。

借助ＣＡＤ技术和模型制作师的精细工艺，业主、评审专家和设计者自己都能体会到这种表皮的肌理及其映衬出的主楼体块的纯净感觉(参见彩图)。

本方案设计小组成员：汤桦、余斡寒、郭文铭、缪竞鸿、袁凌、张文俊、戴稳

(梁鼎森教授对方案设计和本文写作提出了指导性意见，十分感谢)

注释

①引自：张钦楠.建筑的"非物质化"和"暂息化".读书.2000(3)
②③引自：弗郎西斯·D·K·钦.建筑：形式、空间和秩序.邹德侬、方千里译.中国建筑工业出版社.1987

余斡寒，重庆大学建筑城规学院硕士研究生
汤　桦，重庆大学建筑城规学院教授

构思的演进　福建广播电视中心设计方案

1

构思方案1
初步理解任务书，考虑功能布局与景观环境的要求，建立主要体块。广场性格内向，功能联系远。

2
构思方案2
建立轴线系统，运用"背景墙"形成面向闽江的三角形开放式广场。

构思方案3
探索低层，单元式布局的可能性，运用两道"背景墙"，尝试一种全新的广播电视中心的形式。多个庭院式内向广场占地面积大。

3

4
构思方案4
提出"门洞"概念，建立功能，空间联系廊架系统，营造广场的尺度层次。

正式方案
深入分析功能，完善空间、造型。

5
主楼及广场的进一步深化设计

6
沿西二环南路景观

7
沿闽江／滨江大道景观

8
二期建设用地与保留树木

构思方案比较分析

构思方案1

1

2

3

构思方案2

4

5

6

构思方案3

7
沿闽江／滨江大道景观

8
沿西二环南路景观

9
二期建设用地与保留树木

主楼／广场的营造

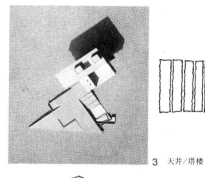

3　天井／塔楼

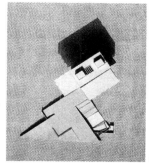

4　门洞／廊

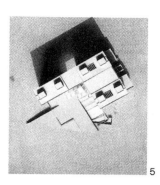

5

矮墙／缝／广场

柱网／踏步／矮墙

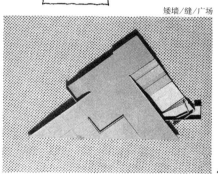 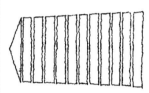

2

1

广场的空间

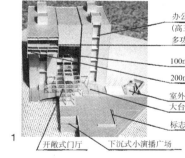 

办公空中花园
（高三层）
多功能厅
100m²会议室
200m²会议室
室外舞台
大台阶／露天餐台
标志墙

1　开敞式门厅　下沉式小演播广场

2

电视会议厅

休息厅

功能联系短廊×4
（连结电视双主楼）

功能联系长廊×2
（连结主楼与演播厅）

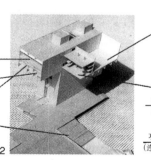 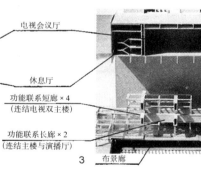

3　布景廊

4　办公入口

5　门厅／功能联系廊台为一体的框架体系

6　西向闽江江滨电视公园的"门洞"广场

7　自综艺走廊看电视双主楼"门洞"与办公入口

8　自西二环南路入口看电视双主楼"门洞"

9　自闽江／江滨电视公园望"门洞"广场

碧水丹崖·华彩山庄

——谈武夷山华彩山庄创作

周春雨　陈神周　陈嘉骧

一、设计前的思索

武夷山以其碧水丹崖闻名于世，峰影参差，波光粼粼，涉目成景，移步见奇，目不暇接，美不胜收。蕴藉儒释道遗风的书院寺庙道观镶嵌于山峦云雾之间，古汉城遗址气势磅礴，摩崖石刻比比皆是，处处透露出悠久的历史文化底蕴。珍禽怪兽若隐若现，奇花异草争奇斗妍。武夷山是世界自然与文化遗产之一，是国家重点旅游度假区和自然保护区，二十多年来成为建筑界群雄逐鹿的地方，在不到数平方公里的弹丸之地，建起了上百座宾馆酒店，此间不乏院士大师、高手新秀之力作，都在遵循着杨廷宝老先生提出的武夷山建设原则："宜土不宜洋，宜低不宜高，宜散不宜聚，宜隐不宜露。"可真正得其真谛成为建筑精品的却只是凤毛麟角，不少人只是学其皮毛，在"土、低、散、隐"这些字眼上下功夫。于是古汉城堡、琉璃坡顶、客家土楼、江户重檐随处可见，粉墙红框黑瓦仿古一条街更是成风。究其原因，是没有真正理解杨廷宝老先生"四条原则"的本质内涵。

1998年初，接到设计福建省武夷山教育培训中心(后称华彩山庄)的任务后，我们就组织了一支精悍的年青队伍，到实地深入调研。武夷山的雄浑与秀美、九曲水的清澈与多彩，在心灵里激起阵阵涟漪；武夷山庄构思之巧妙、设计之精美令人叹为观止。由此我们也深切地感受到杨廷宝老先生之良苦用心。其四条原则的核心就是：建设必须立足于保护环境、保护自然、保护人类珍贵的遗产；建设必须保护好武夷山的自然环境和人文景观，进而让人类创造出的新景观、新文明丰富原有的景观，与自然和谐地融化在一起，成为自然的有机组成部分。宜土，即以古朴的民俗建筑贴近自然；宜低，即不应让建筑遮挡和破坏环境；宜散，即建筑散落布置于山水之间，溶化于自然之中；宜隐，即建筑隐藏于景色之中，以期显山露水。

武夷山庄建于大王峰下，宛如一个婴儿蜷缩在母亲的怀抱里静谧地吸吮着甘甜的乳汁，显得格外安详纯朴，悠然自得。艺术源于生活又高于生活。作为建筑精品，虽源于民居，却把民居园林化、艺术化，把人文景观与自然景观巧

妙而完美地结合，天衣无缝，令人赞叹不已。武夷山庄是用园林化的民居去贴近大自然，融于大自然，扎根于武夷山。既保护了自然和文化遗产，升华了环境质量，又创造了新的自然和人文景观，武夷山庄成功就是认真实践杨老的规划原则。武夷山庄的建成有力地证明着在景区中的建筑只有保护环境，融于自然，才富有无穷的生命力，才能为更多的人所接受。吴良镛先生说过："……乡土建筑是建立在地区的气候、技术、文化及与此相关连的象征意义的基础上……"①。

山水画大师黄宾虹先生说过"师古人、师造化，可是师古人不如师造化。"师古人就是向古人学习；师造化，就是学习其精神本质的东西。盲目抄袭模仿，或者改头换面，学其皮毛，只能走进死胡同。武夷山庄位于景区内部，以贴近自然、融于山水取胜；而华彩山庄远离景区，处于山坡上，怎样才能师其造化，创造性地运用四条原则进行规划设计，达到保护环境、保护自然景观、又能创作出符合时代要求的建筑作品目的呢？艺术创作就是艺术家通过约定俗成的代码将精神思想上的感受转化为作品的过程。音乐家用简单的音符创作出无数大自然颂歌，聆听这些音乐如登高山之巅、如履大海之滨；美术家以色彩和线条创作出无数大自然画卷；凝视这些画作令人如沐春风，如品甘露。建筑师应当运用其专业语汇浓缩大自然的精华，提升环境质量，才能赋予建筑以永恒的生命，创造出闪亮的历史长卷。

二、设计中探索

●总体形象的构思

作为教育培训中心的建设用地是一个东西长216m，南北最宽处仅89m，狭长鱼肚形的小山坡，面积约15000m²，四周环路，西向隔着1号公路是度假区大片绿化用地。西低东高，高差约15m，建筑内容包括一个12道的保龄球馆，可供200人用餐的餐厅，大会议室及中小会议室，还有63间星级标准客房，30间四星级标准客房，3座四星级别墅式客房，1个游泳池，1个网球场，以及各种配套设施。总面积控制在10000m²以内(图1、2)。

意在笔先。动笔之前，即定下"取

意武夷山水，诠释民居精华"的创作理念。但要想用一座不足10000m²的建筑去表现60km²的武夷山水；要想用高不过四层长不足百米的建筑去表现山的雄奇、水的秀美，就必须走出一条创新之路。

中国是龙飞凤舞的故乡。"龙腾万里，凤舞九天"的精神状态将中国的一切文学艺术带入了"线的艺术"的境界：易经的基本符号就是两条连续和不连续的线条；京剧中只要一根带穗的鞭子就代表骏马奔腾，几张桌子叠起来就是高楼城墙；在绘画和书法更是将"线的艺术"发挥到了极致，不但能表现世间事物的外形轮廓，还能将作者的内心精神状态抒发得淋漓尽致。这些似乎是纯形式的线条，"实际是从写实的形象演化而来，其内容意义已积淀在其中，于是，才不同于一般的形式、线条，而成为'有意味的形式'。"②

到过武夷山的人都对它有着片状构造的沉积岩呈三种走势留下深刻印象：一种是天游峰玉女峰那样直上直下的山峰，充满了垂直线条；一种如鹰嘴岩般斜插入云，满布倾斜的线条；一种似水帘洞一样有许许多多水平的沟沟坎坎。设计中利用自然的阶梯地形，创造出建筑的层层退台，隐喻武夷山远近高低不同、层峦叠嶂的山峰。沿墙面而上高低不一又突出屋面的柱，既支撑了钢拱架，也象征着一座座挺拔的山峰和山体表面的垂直线条。由屋顶如清泉般泻下的钢拱，既有着鹰嘴岩的险峻，又有九曲碧水的涟漪；既似大王峰的雄奇，又如玉女峰的秀美；既像高挂云天的彩虹，也隐含着飞天的飘逸；既抽象地寓意中国古代建筑坡屋顶的外轮廓，还代表着福建民居风火山墙流畅的外形。拱架间看似随意布置的三三两两的水平隔板，既是保持钢拱稳定的结构构件，也是对中国古典建筑瓦当屋面的精练注解。女儿墙的不锈钢扶手，墙面上断断续续的银白线条，窗台上金黄色的栏杆，有的是出于安全需要，有的是构造措施，但都进行了艺术处理以表现武夷山形的线条美和九曲溪水的波光粼粼。经过精心设计，不断推敲，用变异、重组、浓缩、提炼等手法处理，创作出了崭新的华彩山庄建筑形象。既有武夷山的俊俏瑰丽，又有九曲水的华贵多彩，还用极其现代的手法，摩登的材料，表现了大自然，诠释着中国传统文化和建筑的精髓以及福建民居精华(图3、4)。

●共享空间

中国民居形制来源于中国人的家族观念。钱穆先生说过，中国的家族观念不仅注意"时间绵延的直通方面(孝)"，还注意"空间展扩的横通方面(悌)"③。无论南方还是北方，无论城市还是农村，无论是福州的三坊七巷，还是北京的四合院，都默默遵循这一原则；庭院，以及公用的厅堂，更加集中的体现了这种家族观。它给老幼尊卑提供了相互交流、相互沟通的空间，既不干扰各户间的私密性，又增添了家族和谐的气氛，使居住环境更有人情味。

旅游度假区内培训中心的客人经常是一个个团队集体来旅游和培训的，他们的交流讨论、谈心娱乐，比其他的宾馆要多。"宾至如归"的真正含义是应该让客人对周围环境有认同感，不能因为现代设计使人们对以往熟悉的"场所精神"产生疏离感。怎样才能用现代建筑语言，创造出有着中国古典建筑精神的共享空间，是我们设计的重点。

将底层客房的内走廊由原来的1.8m扩大成6m，形成大庭院；取消二层南向走廊，只保留北向走廊，在通向南向房间门的位置设一条3m宽通道，这些通道很自然就成了几块既独立又独特的共享空间。中庭上空为采光顶棚，空间比例适当，尺度宜人，草绿色的地毯，在光影变化中显得格外生机勃勃；虚实对比的栏杆，自由串式的橄榄球吊灯，更增添了公共空间的精巧与别致，营造出十分亲和的交往空间(图5、6)。这里既有横向的共享，又有垂直的联系；既有线型的时间性的绵延，又有面状的空间的展扩；"横通直通将整个人类织成一片"④。所以经常有三三两两的旅客在这里品茗闲聊，打牌下棋，营造起家居的融洽氛围，这是人们对酒店评价最好的地方之一。

●门厅设计

为了突出门厅，特地将它的位置与主楼略为分离，内部却联在一起，造成形体上的独立性。把主楼上的构架加以变异改装，制成双曲线形的大雨篷，气派而别具一格。内外墙体连同楼地面都用武夷红的花岗岩铺贴，辅以线条和图案，稳重温馨富有乡土气息，给人浑然一体的感觉。门厅占地约350m²，为了使它显得宽敞明亮、视线通透，我们把总

图1 总平面图

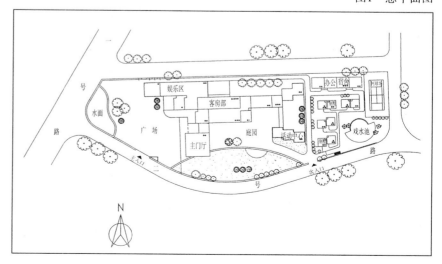

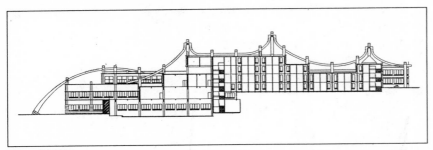
图2 剖面图

图3 南向近景

图4 建筑局部

在灯树后面是精致气派的大扶梯和二楼回廊的栏杆,回廊正面墙上挂着巨幅油画——《武夷魂》。白天玻璃天棚的光影使门厅空间序列显得生动、清晰、和谐而富有变化;夜晚,华灯齐放更显得富丽堂皇、熠熠生辉。四方宾客常为这独具特色的设计而称赞。

● "华彩"雅号的由来

"华彩"二字取之于音乐名词"华彩乐段"。在《辞海》中是这样解释华彩乐段的"音乐术语,原指意大利歌剧中咏叹调末尾处由独唱者即兴发挥的段落,后来在协奏曲乐章的末尾处亦常采用此种段落,通常乐队暂停演奏,使独奏者充分发挥其表演技术。"⑤

人们常常把建筑比喻成凝固的音乐。武夷山的宾馆建筑无疑像一首协奏曲,它的主题就是杨老先生提出的"四宜四不宜"的原则,武夷山庄把这主题发挥得淋漓尽致,达到了常人不可逾越的高度。而华彩山庄从新的视点、新的角度去认识建筑,认识自然,重新理解和阐述建筑和自然的关系,重新理解和定位这个原则——从原来贴近自然,过渡到表现自然;从谦和地融入自然,变成张扬地再现自然;从古朴的民居园林化和艺术化,过渡到用现代建筑语言表现古曲园林建筑美学——这是对如何珍惜自然和文化遗产,如何理解继承和发扬优良传统,如何理解和运用四条原则的生动表现。华彩山庄将成为武夷山建设协奏曲中极其浪漫而精彩的华彩乐章。由于"华彩"二字所包容的音乐、文化内涵,它谐音的世俗性,比喻的贴切性,隐喻的含蓄性,人们很快接受了它。

三、建设中的推敲

福建省教育建筑设计院是华彩山庄建设的总承包单位,从设计、施工、室内外装饰、设备选购到资金控制等等全部由该院掌握,这是难得的机遇,也就是说在资金允许的范围内,可以充分发挥建筑师聪明才智,营造出最理想的建筑效果。

在施工图设计中,比较注重于建筑单体的功能和造型,在细部刻划上、在装饰材料的质地和色彩的选择上,在环境的设计、在文化氛围的塑造等方面都还考虑得不够深入。在武夷山的日日夜夜,伴随着华彩山庄的成长,不断强化环境意识,细化构造措施,不断提高建筑的文化艺术品位。

在实施过程中,发现原设计不当的部分,或与大环境要求相左之处,我们主动进行必要的调整和修改。对于家具、地毯窗帘则精心比较,几经周折,多方挑选,才最终选定。石料板材是装

台与主入口偏转45°角,且挪到略为偏北的位置上,使主轴位置上视线通畅,有较大的纵深感,让人们进入门厅后会看到低矮的花坛、浅浅的水池,水池边几个墩实的基座上竖立着四根镀金的钢柱,钢柱上方固定着大小不一的水晶灯,水晶灯如同晶莹闪亮的灯树一般,

饰的主要用料，我们大量选用武夷山的原产石进行组合搭配，取得良好效果，又在重要位置选用上好进口的印度红和汉白玉加以装点，使其在富有乡土气息氛围里又透露出不拘一格雍容华贵的气派。灯具是室内装饰的点睛之笔，经过精心安排，努力作到各得其所：接待厅灯饰华贵高雅，会议厅灯具庄重气派，餐厅的灯光亲切柔和，共享空间的花灯自由活泼，大门厅的华灯独树一帜，气派非凡。在极其紧张的施工阶段，还特地请来中国美院和中央美院的高材生，实地创作了一批油画作品和一尊富有音乐韵律的不锈钢抽象雕塑；在人员十分紧缺的情况下，还派人到景德镇、杭州、福州等地选购艺术陶瓷，盆景花草，根雕名画，同时组织专人、聘请专家对环境设计进行研究论证，以简洁明快的手法组织绿地水池，以活泼的图案设计花圃硬地，以现代的语言诠释中国的古典园林，得其意而忘其形。

我们还别出心裁，在大门厅右侧设计了高6 m的花岗岩构架，将汉白玉镂刻的《华彩铭》镶嵌其中，以表达设计之意念，建设者之情愫。如今每个到华彩山庄的游客都会在这金色铭文下认真品味。

"世纪之交，岁在新秋，历三百日，匠心劳运，几多艰辛，华彩落成。得时代之呵护，汇八方之鼎力，秉武夷山川之精魂，赋建筑艺术之神韵，隽秀飞扬，生气灵动。如玉女之多姿，如长虹之飞天，如九曲之绮丽，如乐章之华彩。星驰斗转，百年变迁，中华崛起，诸君努力，士农百工，莫不同心，兴国有赖科教，吾辈甘为前驱。华厦既成，武夷增色，为闽省教育立一丰碑，向新世纪献一厚礼。是为铭。"

短短二百字，不仅言简意赅，也把建筑的文化层次、环境氛围都升华到新的境界，构思独特，意味深长。

四、建成后的感悟

华彩山庄建成后（图7），得到居民和游客的喜爱，我们感到由衷地喜悦，说明华彩山庄自由诗体的风格为人们所乐见；年末获得"福建省90年代双十佳建筑奖"，又得到专业人士的认同。虽然我们在设计和施工上还留有遗憾，但这种率性表达的风格能够雅俗共赏，则透露出一个信息——人们对多元价值的认同——无论亮或深沉、婉约或率真、雄伟或谦和风格的建筑，只要是从建筑师自由的心中流出，都可成为和于时、地、人背景下的时代协奏。

就像六七十年代出生的人多难理解"文革"一样，未来的建筑师也许难以理解20世纪后期中国建筑师受主义风格之累。但对历史这个边疆流中某具体时段

上的人而言却又是极为现实的时代情绪。而历史过程中时代情绪的生成和消散又能在不为人知觉的渐变中完成巨大的改变。这种渐变在武夷山风景区的小范围上也可以清晰地看到。

武夷山庄是民居风格建筑的成功典范，深受社会各界及专业人士的喜爱。问题随之而来——由此带来了武夷山风景区几乎"一面倒"的民居风格追风潮，让人难以感受到武夷山庄那种自然、从容、优雅、质朴的意韵。出现追风现象的原因有主管部门的硬性规定，但更多的是建筑师对社会文化及形式的教条理解，对传统文化的肤浅认识。出现追风现象是时代情绪使然，并非偶然的区域现象——"择一为

图5　三层内景

图6　第三层回廊及采光顶棚

图7　西南向全景

是，其余为非"的单一价值观曾深植于时代人心。浏览建筑杂志历年目录就能清晰地看到一元论择"是"摈"非"之争曾长期地困扰着建筑界，在具体从事创作的建筑师那里，则表现为从"社会主义内容、民族形式"之风到改革后各种"主义"轮番风靡。这一切主义和风格本身本没有价值的优劣，都能产生出优秀感人的作品，一旦出现追风潮，最终为人们所厌倦。所以出现问题的根源并不在风格本身，而在于建筑师群体乃至整个社会的修养。近年来的建筑理论与实践中，也能看到中国新一代建筑师的飞速进步，丰富多元、语言清新、富于创意的作品逐渐增多，说明了时代的进步，说明了建筑师对传统、文化、形式、环境认识的提高。从中青年建筑师日渐丰厚的精神底蕴中流淌出的作品，不再是恃才傲物的偏执或流俗追风的盲从。一个走向成熟的群体正在生成，一个走向成熟的时代已经来临。

注释

① 吴良镛.广义建筑学.清华大学出版社，1989
② 李泽厚.美的历程.文物出版社，1981
③ 钱穆中国文化史导论.商务印书馆，1994
④ 钱穆中国文化史导论.商务印书馆，1994
⑤ 辞海.第284页"华彩段"条目.上海辞书出版社，1979

周春雨，天津大学建筑学院博士研究生
陈神周，清华大学建筑学院硕士研究生
陈嘉骧，福建省教育建筑设计院院长

庆祝《世界建筑》创刊20周年暨"水晶石杯"学生竞赛颁奖

10月20日，《世界建筑》创刊20周年暨"水晶石杯"2000年度学生建筑设计竞赛(net+bar)获奖作品颁奖活动在清华大学建筑馆举行。

建设部叶如棠副部长、清华大学建筑学院吴良镛院士、清华大学建筑学院院长秦佑国、北京市建筑设计研究院总建筑师马国馨、建设部建筑设计研究院总建筑师崔恺等作了发言，同时为水晶石杯2000年度学生建筑设计竞赛获奖者颁发了奖杯、奖金及证书。

会场上的气氛十分热烈，到场的不仅有汪坦、吴良镛等老一辈建筑学教授、建筑大师，也有目前非常活跃的青年建筑师，使会场上交流和讨论的内容更加广泛。与会者认为，这次《世界建筑》杂志社、水晶石电脑图像有限责任公司、清华大学建筑学院共同举办的"水晶石杯"2000年度"net+bar"学生建筑设计竞赛，意义并不在结果如何，而是在于它的尝试性，在于媒体、企业对建筑界的关注、参与和推动的热情。

本次活动同时引起了公众媒体的关注，中央电视台、《人民日报》、《光明日报》、《北京青年报》等对活动进行了及时报道。

论邺城制度

郭湖生

建筑历史研究

邺城制度是中国都城史上一段重要的历史时期。约自三国曹魏都邺城始，迄於唐末梁（朱全忠）以汴州为东京止，延续约七百年，其间经历曹魏、西晋、东晋、宋、齐、梁、陈、隋、唐十朝都城的建置制度；并且影响北魏（拓跋氏）、东魏、北齐和周边国家如渤海国等，特别是日本的藤原京、长冈京、平城京、平安京等一系列都城建设，也均在邺城制度范围之内。当然，邺城制度本身也随中央政权的变化而有所发展变化，但基本特点不变。这在东亚建筑文化历史上是卓然屹立的一座丰碑，应大书特书。

一、邺城制度的建立

邺城在汉代是冀州下属的魏郡郡治所在。东汉末年，群雄割据，此处原为袁绍的根据地。建安元年，曹操用荀彧之谋，迎天子都许，确立"挟天子以令诸侯"的地位，这时，曹操的职位是：费亭候，司隶校尉，录尚书事，掌握了实际政权。曹操原来自任大将军，位在三公之上，以袁绍为太尉。袁绍怒班在曹操之下，表辞不受，操惧，请以大将军位让绍，但掌握实权的"录尚书事"绝不让出。于是建安二年三月，诏将作大匠孔融持节拜袁绍为大将军兼督冀青幽并四州，以实袁绍之心。

建安三年，郭嘉为曹操设谋，乘袁绍北攻公孙瓒之机先翦除袁氏的分枝地方势力吕布。吕布既除，曹操于是攻袁绍。建安四年，官渡之战，操先后击破袁绍的运粮军将韩猛、淳于琼等，袁绍大败，但仍然固守四州：长子袁谭为青州刺史，中子袁熙为幽州刺史，外甥高干为并州刺史，幼子袁尚为冀州刺史、镇邺。尚、谭争位不和，众人劝曹操乘势攻之，郭嘉却劝操南攻刘表，坐视谭尚自相残杀[①]。

建安九年七月，曹操渡河围邺，时袁尚攻袁谭于平原，乃回师救邺。曹破之，入据邺城。九月，以操为冀州牧，驻邺。于是曹操开始经营邺城，以为魏之本国，领十郡之地[②]。

建安十八年五月，以冀州十郡封曹操为魏公，以丞相领冀州牧如故，又加九锡……[③]

建安十九年三月，诏魏公操位在诸王侯上，改授金玺、赤绂、远游冠[④]。只差皇帝一步了。

自曹操入邺后，开始改造经营邺城。如建安十三年曹操还邺作玄武苑玄武池以肄舟师，建安十五年作铜雀三台。而邺城虽轮廓不变，内部颇多改造，已显现邺城制度的基本特点。即以城东建春门至城西金明门之间的东西干道，划全城为南北两部。北部为宫城，含大朝（文昌殿区）和常朝（听政殿区）二者。

西汉的汉武帝时，为加强皇权，重用近侍，把本来由丞相、御史大夫承担的职权收归尚书或中书，而由以大将军为首的宫内官员（包含中书或尚书）处理政务。于是形成中朝和外朝两套班子。《文选》李善注："中朝，内朝也。汉氏大司马、侍中、散骑诸吏为中朝，丞相六百石以下为外朝也。"话虽简单，但确道出中外朝的区别，在于宫内和宫外两套政权班子。东汉时期，内朝尚书台成为国家政务的中枢，事实上的中央政府。《后汉书·仲长统传》云："光武皇帝愠数世之失权，念强臣之窃命，矫枉过直，政不任下，虽置三公，事归台阁（台阁谓尚书也）。自此以来，三公之职，备员而已。"

东汉时，大将军的权势超过丞相，在于有"领（录）尚书事"的职衔，掌握了实权。如梁冀、窦宪等，权势远在外朝三公之上。建安元年，杨奉表曹操领司隶校尉，录尚书事，曹操由此开始掌握政权。同年，献帝迁都许昌，诏操为大将军，封武平侯，袁绍为太尉（三公之一），封邺候。后操虽惧绍之怒，以大将军让绍，但仍保留"录尚书事"，盖实权所在，绝不可让。理解东汉时期的政治形势，就能理解曹操的邺城宫室，何以要突出实际的中央政府尚书台和议事场所听政殿（即常朝），盖此实为中央权力运作的真正所在。而以常朝与礼仪性的大朝文昌殿在宫内并列，是邺城宫殿区的一大创举。所谓周礼三朝之制，秦汉以来迄东汉为止，从未实行过，但是儒者常以周礼附会强为之解说，以致混淆不清，是应首先加以分辨的。

总括来说，邺城制度的要点是：1.宫前东西横街直通东西城门，划全城为二，宫城在北且与北城垣合，坊里、衙署、市在南；2.礼仪性的大朝与日常政务的常朝在宫内并列；形成两组宫殿群，各有出入口：大朝区为文昌殿闾阖门；常朝区为勤政殿司马门；3.大朝门前形成御街，直抵南城门。在邺城，为南城垣中央的中阳门。

二、洛阳的改建

曹操南征关羽，自摩陂还洛阳。建安二十五年初病死。传位太子丕，继任丞相、魏王。同年，曹丕以禅让形式取代汉朝，建立魏朝。魏文帝曹丕迁都洛阳，其子魏明帝曹叡对战国以来的洛阳城进行了彻底改建。规模巨大，以致皇帝躬自挖土以为表率。

《三国志·魏志》卷二十五高堂隆传：

"（明）帝愈增崇宫殿，雕饰观阁，凿太行之石英，采谷城之文石，起景阳于芳林之园，建昭阳于太极之北。铸作黄龙凤凰奇伟之兽，饰金镛陵云台陵霄阙，百役繁兴，作者万数，公卿以下至於学生，莫不展力，帝乃躬自握土以率之。"

魏青龙三年（235年），建立太极殿和东西堂，宫门闾阖门与司马门（即大司马门）骈列。闾阖门前列二铜驼，向南形成御街名曰铜驼街，通向宣平门。大司马门内为尚书台和朝堂，常朝议事之所；闾阖门内为太极殿和东西堂，则是大朝。

魏明帝修治洛阳宫，受到晋代和后世的讥评贬低。如《晋书》卷一宣帝（司马懿）纪云：

"初，魏明帝好修宫室，制度靡丽，百姓苦之。帝自辽东还，役者犹万余人，雕玩之物动以千计。至是皆奏罢之。"

文帝（司马昭）纪云：

"值魏明奢侈之后，帝蠲除苛碎，不夺农时，百姓大悦。"

但这些其实都是司马氏篡夺曹氏在政治上的有意歪曲贬低之词。

甚至到了北魏再建洛阳时，孝文帝还说："魏明以奢失于前，朕何为袭之于后？"[⑤]

不过，话虽含讥，晋代却一直沿用着魏明帝所建的宫室。晋惠帝时，武帝后父杨骏执政，惠帝贾后欲夺权。

"时骏居曹爽故府，在武库南，闻内有变，召众官议之。太傅主簿朱振说骏曰：'今内有变，其趣可知，必是阉竖为贾后设谋，不利于公。宜烧云龙门以示威，开万春门引东宫及外营兵，…'骏素怯懦，不决，乃曰：'魏明帝造此大功，奈何烧之？'"[⑥]

这就证明，魏明帝所造的洛阳宫一直用到晋惠帝八王之乱开始之时，毁于八王之乱及其后匈奴族刘曜、石勒的占领。

敦煌人索靖，有先识远量，知天下将乱，尝指洛阳宫门铜驼，叹曰："会见汝在荆棘中耳！"[⑦]

魏明帝之后，汉的南北宫不见于史，而成为魏晋洛阳宫了。依晋代礼官之皇帝丧礼议，如卞权安梓宫议：

"尚书问，今大行崩含章殿，安梓宫宜在何殿？博士卞权、杨雍议曰：臣子尊其君父，必居之以正，所以尽孝敬之心，今太极殿，古之路寝，梓宫宜在太极殿，依周人殡于西阶。"[⑧]

对宗室、大臣的丧礼，挚虞决疑注（《通典》卷八十一·礼九十一）云：

"国家为同姓王公妃主发哀於东堂，为异姓公侯都督发哀於朝堂。"

又：

"至尊为内族于东堂举哀，则三省从临，为外族及大臣于朝堂发哀，则八座丞郎从。"

这里可见：皇帝、皇族、异姓公侯大臣的棺柩殡置致哀和送柩出葬的地点和路线是大有尊卑、内外之别的。又如：

《晋书》卷三十七安平献王孚（司马懿之弟）：

"泰始八年薨，时年九十三。帝于太极东堂举哀三日。"

同上，羊祜：

"寻卒，时年五十八。……祜丧既引，帝（司马昭，时尚为魏朝）於大司马门南临送。"

《晋书》卷三十四，列传四，陈骞：

"元康二年薨，年八十一，……及葬，帝於大司马门南临丧，望柩流涕。"

同上，何曾："…咸宁四年薨，时年八十，帝于朝堂素服发哀，……"

同上，郑冲："明年（泰始九年次年）薨，帝于朝堂素服发哀，……"

同上，石苞："泰始八年薨。帝发哀于朝堂，…车驾临送于东掖门外。"

以上，除司马孚为同姓王公，于太极东堂发哀外，其余均异姓大臣，在朝堂发哀，柩出朝堂南之大司马门或出宫东侧之东掖门。晋礼不仅西晋东晋执行，而且自刘宋开始的南朝也仍然执行。

洛阳宫城内部情况，《晋书》卷五十九赵王伦传云：

"……自义兵之起……（孙）秀知众怒难犯，不敢出省（中书省，时孙秀为中书监）。……义阳王威劝秀至尚书省，与八座议征战之备，秀从之。……内外诸军皆欲劫杀秀。威惧，自崇礼闼（尚书省门）走还下舍（中书下舍，威时为中书令，与孙秀俱为赵王伦党羽）"。

又，《晋书》卷二十七五行上：

"（惠帝）永兴二年七月甲午，尚书诸曹火起，延崇礼闼及阁道"。

以上可知，西晋尚书省在宫内，省门名"崇礼"，有阁道，和东晋台城内尚书上省一致。东晋台城的尚书上省，因朝廷礼仪制度及台内管理制度与西晋基本一致，因而位置区划名称也沿习西晋制度，只是在建立初期材质较差。

魏晋时壮丽的洛阳宫，因愚钝的惠帝在位当政，引起宫掖之变，以贾后及其弟贾谧杀害晋武帝杨后及后弟杨骏为始，接着便是更大的八王之乱的自相残杀，引致当时移居境内的少数居族乘虚而入。首先是匈奴族的刘元海，以晋惠帝元兴元年据离石建汉国，遣其子刘聪、族子刘曜与王弥寇洛阳。《晋书》卷一百二载纪二刘聪：

"……王弥、刘曜至，复与呼延晏会围洛阳。时城内饥甚，人皆相食，百官分散，莫有固志。宣阳门陷，弥、晏入於南宫，升太极前殿，纵兵大掠，悉收宫人、珍宝。迁帝（时为怀帝）及惠帝羊后、传国六玺於平阳（永嘉二年，刘元海迁都此）。……"

西晋末年，洛阳残破，惠帝曾被劫持往长安，后返洛阳，未几死（３０６年）；怀帝为刘曜、王弥劫持去平阳，３１２年死於平阳；愍帝自洛阳倾覆，避难至长安，３１６年死於平阳，西晋亡。

三、东晋建康台城

３１６年，司马睿称晋王于建康（避愍帝讳邺，改建邺为建康），东晋开始。营建孙吴时太初宫旧址为宫。依仿西晋洛阳旧制，立太极殿及东西堂，骈列尚书台朝堂。不过初期营建的材质草率。至萧齐时期，王俭尝问陆澄曰：崇礼门有鼓而未尝鸣，其义安在？答曰：江左草创，崇礼闼因皆是茅茨，故设鼓，有火则叩以集众，相传至今⑨。崇礼门是尚书朝堂的门名，初期门闼犹是茅茨而设鼓防火，可以想见。但朝堂、崇礼门的制度，西晋洛阳即已如此。

山谦之《丹阳记》云：

"太极殿，周制路寝也。秦汉曰前殿。今称太极曰前殿。洛宫之号起自（曹）魏。东西堂亦魏制，于周小寝也。皇后正殿曰显阳（本为昭阳，晋避讳改），东曰含章，西曰徽音，又洛阳之旧也"

这里的太极殿、东西堂、后寝的命名，东西晋一脉相承。帝寝正殿为式乾殿，东晋亦然。至於云龙门、神虎（又作武或兽，唐人避讳改）门、华林园等名，更是因袭不变。因此，无论太极东西堂、尚书朝堂、后宫、苑囿，东晋基本上模仿西晋的规制和布局原则，即与邺城、洛阳的布局原则一致：采取骈列制⑩。

最早，东晋宫城未修之前，郎琊王司马睿讨陈敏余党，因吴旧都城修而居太初宫为府舍⑪即帝位后（元帝，庙号中宗），仍居旧府舍，至明帝亦不改作，

而成帝始缮苑城也。

中宗开创东晋，建都建康，立宗庙社稷於宣阳门外。不久王敦谋叛乱，而中宗死，明宗继位，平王敦。三年而帝死，幼小的成宗继位，大臣王导、庾亮辅政。庾亮处事不当，引致苏峻之乱。平定后，成帝咸和五年九月诏修新宫，至七年（３３２年）十一月新宫修成，是就吴的苑城改作的。

"新宫成，署曰建康宫，亦名显阳宫，开五门，南面二门，东西北各一门。案，《图经》：即今之所谓台城也。……修宫苑记：建康宫五门：南面正中大司马门，……南对宣阳门，夹道开御沟，植槐柳。……南面近东阊阖门，后改为南掖门，……南值兰宫西大路，出都城开阳门。正东面东掖门，正北平昌门，……南对南掖门。……其西掖门外南偏突出一丈许，长数十丈地。时百度多阙，但用茅苫，议以除官身各出钱二千，充修宫城用。自晋至陈遂废。又案，《地舆志》：……至成帝作新宫，始修城开陵阳等五门，与宣阳为六，今谓六门也。南面三门，最西曰陵阳门，后改为广阳门，……次正中宣阳门，……南对朱雀门，相去五里余，名为御道，开御沟，植槐柳。次最东开阳门。东面最南清明门，……正东面建春门……正西南西明门，……东对建春门，即宫城大司马门前横街也。正北面用宫城，无别门。……"

这一都城和其间宫城的规制，完全沿袭西晋洛阳宫城制度，仍为骈列制。当时避难至南方的人，有不少熟谙朝廷制度特别礼制的人物，如荀崧、刁协等。至于掌握朝政的大臣如王导等，更是熟知朝仪的人。

《晋书》卷75列传45荀崧传：

"……赵王伦引为相国参军。……王弥入洛，崧与百官奔於密，……元帝践阼，徵拜尚书仆射，使崧与刁协共定中兴礼仪。"

《晋书》卷69列传39刁协传：

"……父攸，武帝时御史中丞。协少好经籍，博闻强记，……永嘉初，为河南尹，未拜，避难渡江。……于时朝廷草创，宪章未立，朝臣无习旧仪者。协久在中朝，谙练旧事，凡所制度，皆秉於协焉，深为当时所许。……"

这次修城，不免草率，随后逐步改善，如以"除官身各出钱二千，充修宫城用，"及咸康五年八月"是时，始用砖垒宫城，而创构楼观"。但宫城形制一直维持不变，直到孝武帝宁康三年（３７８年）才在谢安主持下再加修理⑫，逾加壮丽。北魏迁都洛阳之前派人前来调查参观的，就是东晋之后南朝的建康宫，而洛阳宫则已荒废很久，满目蓬蒿。

四、北魏再建洛阳宫

鲜卑族拓跋氏建立的北魏王朝，至四、五世纪，已占有中国北方大部，以平城（即代京，今大同）为都，作为政治中心。但平城偏在北方，交通不便。北魏王朝久有迁移之意。北魏孝文帝原意只改造代京宫室，太和十五年（491年，南朝齐永明九年）"诏假通直散骑帝侍李彪、假散骑侍郎蒋少游使肖赜"[13]。其目的即实地了解汉族朝廷的规模制度，南齐朝廷也理解使者来意，崔元祖请留蒋少游启：

"少游，臣之外甥，特有公输之思，宋世陷虏，处以大将之官。今为副使，必欲模范宫阙。岂可令毡乡之鄙，取象天宫？臣谓且留少游，令使主返命"[14]

齐武帝没有采纳，仍遣蒋少游返魏。三个月后，魏太和十六年二月，孝文帝下令拆除代京宫城主要宫殿太华殿，摹仿汉族传统制度，于其址起太极殿，当年十月完工。

南方的东晋迄南朝的朝廷，一直以正统自居，鄙视北方的北魏，朝廷礼制即其主要内容之一。《魏书》卷七："太和十六年二月帝移御永乐宫，坏太华殿，建造太极殿。""十月，太极殿成，大飨群臣"。皆在代京宫殿。次年七月，孝文帝至洛阳，周巡故宫遗址又观洛桥和太学石经遗存。这次以南伐为名出师，至此，孝文帝"戎服执鞭，御马而出，群臣稽颡於马前，请停南伐，帝乃止。仍定迁都之计。"改定主意不再在平城耗用物力，而改为恢复洛阳城。大概是察看以后，认为迁洛更为有利。

"后高祖（孝文帝）外示南讨，意在谋迁。……诏太常卿王谌，亲令龟卜，易筮南伐之事，其兆遇革。"而群臣意在阻止，孝文单独见任城王（澄）说：

"今日之行，诚知不易。但国家兴自北土，徙居平城，虽富有四海，文轨未一，此间用武之地，非可文治，移风易俗，信为甚难。崤函帝宅，河洛王里，因兹大举，光宅中原，任城意为何如？"[15]

移风易俗的文治，是迁洛的重要原因。另有经济方面原因，《魏书》卷七十九成淹传：

"高祖敕淹曰：'朕以恒代无运漕之路，故京邑民贫。今移都伊洛，欲通运四方，而黄河急浚，人皆难涉。我因有此行，必须乘流，所以开百姓之心。'"指出水运漕运的重要。

恢复洛阳，完全按照西晋原貌的可行性是因为：有遗迹可寻可量，有旧图可案，有南朝传统宫室制度可以参考。如：

1. 《魏书》卷八世宗纪："永平元年……六月……诏曰：可依洛阳旧图，修听讼观，农隙起功，及冬令就。"……

2. 《魏书》卷九十一列传七十九蒋少游传："后於平城将营太庙，太极殿，遣少游乘传诣洛，量准魏晋基址"。……以及蒋少游副李彪使南齐之举。（见上《南齐书·魏虏传》）

3. 国学、太学之址，《魏书》卷五十七刘芳传："《洛阳记》，国子学官与王子宫对，太学在开阳门外。……由斯而言，国学在内，太学在外明矣。……臣愚谓：今既徙县嵩，皇居伊洛，宫阙府寺，佥复故址，至於国学，岂可舛替？校量旧事，应在宫门之左。至如太学，基所炳在，仍旧营构"。

上述太学原有石经，其经历亦有详细记录："洛阳虽经破乱，而旧三字石经宛然犹在，至（冯）熙与常伯夫相继为州，废毁分用，大致颓落"[16]。

4. 洛阳地下水渠，《水经注》谷水条："魏太和中，皇都迁洛阳，经构宫极，修理街渠，务穷幽隐。发石视之，曾无毁坏。又石工细密，非今之拟，亦奇为精至也，遂因而用之。"又，《洛阳伽蓝记》翟泉条亦云："华林园中诸海皆有石窦流於地下，西通谷水，东连阳渠，亦与翟泉相连。若旱魃为虐，谷水注之不竭；离毕傍润，阳渠洩之不盈。"[17]这些水渠，想至今还安然在地下。

北魏不仅恢复洛阳，而且有所发展变化，有所扩大。魏的邺城和洛阳，以尚书台为权力核心而布置，骈列制于是形成。魏晋则变为中书执掌诏命，如荀勖说"夺我凤凰池，诸君贺我邪！"（《晋书》卷三十五荀勖传）及八王之乱中专权的中书令孙秀和中书监义阳王威。至北魏，政权则又转至门下。《魏书》卷二十一，列传九，高阳王雍传云"诏旨之行，一由门下"。如幽禁胡太后的元叉，即兼侍中（门下首长）与中领军（禁军首长）二者。骈列制的尚书台，已淡化退出，到东魏迁邺时，终于终止骈列制而成沿中轴发展的三朝制了。

北魏洛阳从迁都前的荒凉状况："洛阳虽历代所都，久为边裔，城阙肖条，野无烟火。栗碑刊辟榛荒，劳来安集，德刑既设，甚得百姓之心。"[18]经太和迁都恢复之后，大刀阔斧进行改造，到世宗宣武帝和肃宗孝明帝时（500年～527年），洛阳已是繁荣美丽的城市。太和年间宣布不得用本族语，改用汉语[19]死后不得归葬平城（即今大同）[20]，全部皇族（鲜卑人）改姓"元"[21]及墓葬、籍贯入洛阳之制，洛阳扩大至三百二十坊[22]，跨洛水以南建有招赍归化人的"四夷馆"：

"永桥以南，圜丘以北，伊洛之间，夹御道有四夷馆，道东有四馆，一名金陵，二名燕然，三名扶桑，四名崦嵫，道西有四里：一四归正，二曰归往，三曰慕化，四曰慕义。吴人投国者处金陵馆，三年以后赐宅归正里，（如南朝之肖宝黄，肖正德），……北夷来降者处燕然馆，三年以后赐宅归德里（如芮芮主郁久闾阿那肱），东夷来附者处扶桑馆，赐宅慕化里，西夷来附者，处崦嵫馆，赐宅慕义里，自葱岭以西至于大秦，百国千城，莫不款附。……附化之民，万有余家，门巷修整，闾阖填列，青槐荫陌，绿柳垂庭。天下难得之货，咸悉在焉。别立市於洛水南，号曰四通市。"[23]

南朝梁大将陈庆之送北海王元昊入洛阳，归来说："自晋宋以来号洛阳为荒土，此中谓长江以北，尽是夷狄，昨至洛阳，始知衣冠士族，并在中原，礼仪富胜，人物殷阜……"（引《洛阳伽蓝记》）。

又，北魏佞佛，洛阳"表里凡有一千余寺"。四月八日佛诞日，城中永宁寺有九层塔，高四十余丈。普提达摩……来游中土，赞叹，"实是神功，自云年一百五十岁，历涉诸国，靡不周遍，而此等精丽，遍阎浮所无也。……"（引《洛阳伽蓝记》）。

城南景明寺，在宣阳门外御道东，每年佛诞日（四月八日），四月七日京师诸象皆来此寺，尚书祠部曹录象凡有一千余躯，至八日，以次入宣阳门向闾阖宫前受皇帝散花（引《洛阳伽蓝记》），场面极为富盛。

他如高阳王宅，以豪奢胜，司农张伦宅，以园林石山洞窟有名，均见当日皇族高官生活之奢侈浪费。

北魏末年，明帝（肃宗）诏侍中、太师、高阳王雍入居门下，参决尚书奏事。门下有发布诏敕之权，乃实权所在。其地，"肃宗初，诏雍入居太极西柏堂，咨决大政，给亲信二十人。""……雍表曰：臣初入柏堂，见诏旨之行，一由门下，而臣出君行，不以恢意。……"[24]可见当时政局，已操纵于门下权臣之手。实际早至北魏中期已然如此。如文安公元屈，"太宗时居门下出纳诏命"[25]（太宗，明元帝，409年~423年）至元叉，刘腾以侍中、中侍中（宦者）当权，竟矫诏杀清河王怿，幽禁太后。终引致尔朱荣之乱，而北魏因之覆亡（534年），并导致分裂为东西魏，迁都于邺。而繁盛的洛阳，又复归于荒凉寂静。

五、东魏邺南城与骈列制的终止

东魏天平元年（534年），乃议迁邺。"……诏下三日，车驾便发，户四十万，狼狈就道。"高欢留洛阳部分，事毕还晋阳建丞相府，自是军国政务，皆归相府。都邺之事，委之高隆之。"……天平初……又领营构大将。京邑制造，莫不由

之。增筑南城，周迴二十五里。"[26]

《邺中记》云：

"城东西六里，南北八里六十步。……十一门，南面三门；东曰启夏门，中曰朱明门，西曰厚载门。东面四门：南曰仁南门，次曰中阳门，次北曰上春门，北曰昭德门。西面四门：南曰上秋门，次曰西华门，次北曰乾门，北曰纳义门。南城之北即连北城，其城门以北城之南门为之。"

邺南城的布局已有三朝之意。

"外朝为闾阖门，盖宫室之外正门也。……清都观在闾阖门上。其观两相屈，为数十间，连阙而上。观下有三门，门扇以金铜为浮沤钉，悬铎振响。天子讲武，观兵及大赦，登观临轩。其上坐容千人，下亦数百，……中朝为太极殿，……闾阖门内有太极殿。故事云：其殿周一百二十柱，基高九尺，以珉石砌之，门窗以金银为饰。外画古忠谏直臣，内画古贤酣兴之士。有外客国德诸番入朝，则殿幕垂流苏以覆之。……内朝为昭阳殿，在太极殿后朱华门内，……殿东西各有长廊，廊上置楼，并安长窗垂朱帘，通於内阁。每至朝集大会，皇帝临轩，则宫人尽登楼奏乐，百官列位，诏命仰听弦管颂赞，侍中群臣皆称万岁。"（均见《历代帝王宅京记》所引《邺中记》）。

北魏以门下为枢要部门，尚书为执行部门，已如上述。但东魏（北齐）又有特殊处，除邺城而外，还有晋阳亦为政治中心。"晋阳，国之下都，每年临幸。……"[27]这是最初高欢建丞相府于此的后果。东魏（北齐）虽以门下为枢要，但也有例外，"……文襄（高欢子高演）为中书监，移门下机事总归中书，又季舒善音乐，故内使亦通隶焉。内使隶中书，自季舒始也。……"[28]中书、门下互为机要部门而尚书则疏远见外于此时。故《邺中记》曰："尚书省及卿寺百司，自令仆而下之二十八曹并在宫阙之南。"骈列制是因宫内有尚书省为主的政府机构而开始的，又因尚书省失去核心权力（所谓核心权力，就是起草发布诏敕的职能和权利）而被淘汰出宫。骈列制至此终止。

六、隋文帝造大兴城宫室的影响

在北齐邺城建宫殿（534年）之后48年，隋开皇二年（582年）建新都城大兴城，即唐长安前身。隋的前身北周朝，是推行周礼制度的，体制、官职称号，全依周礼。但隋初就有崔仲芳建议：

"劝隋主除周六官，依汉魏之旧。从之。置三师三公及尚书、门下、内史、秘书、内侍五省，御史、都水二台；太常等十一寺；左右卫等十二府。"[29]

这样，立国之始，隋就以继承汉魏旧法为主，也就是以汉族常用习见者为主。这在修订刑法时"乃采魏晋旧律，下至齐梁，沿革重轻，取其折衷。"是一次兼收并容的整理。当时中国尚未统一，而隋的举措，有利于文化的南北统一。所以，隋大兴城也是包容了历史上好的经验，加以整理而定。

1.大兴继承了汉魏以来的邺城制度，置宫城於全城之北，其北垣与京城北垣合。又以延喜门（唐名），安福门（唐名）前横街，把宫城与以南的"百司"，坊里划隔开来。"百司"包括尚书省、中书门下外省、十二卫、十一寺、都水、御史二台及太庙太社，东宫所属部门，并在一城，称为皇城，与居民分开，是隋的创举。

2.废除尚书台在宫内，改为中书门下两省（隋代内史门下两省，文帝父讳忠，改中书为内史）对称地置于太极殿（隋名大兴殿）两侧。骈列制于是终止。这是继承东魏（北齐）的制度，仍属"邺城制度"之内。

3.以皇城门朱雀门至明德门御街，即唐代的朱雀大街，向南划全城为二，东为"左街"，属万年县辖，西为"右街"，属长安县辖。

4.学习北魏洛阳，宫城之外划三百二十坊；此则为划一百一十坊、两市。而两者尺度相仿，隋大兴东西十八里一百一十五步，南北十五里一百七十五步，北魏洛阳，东西二十里，南北十五里。但北魏以方三百步为一坊里，长安之坊，据宋敏求《长安志》记载：

"皇城之南三十六坊，各东西二门，纵各三百五十步，中十八坊，各广三百五十步，外十八坊，各广四百五十步，皇城左右共七十四坊，各四门，广各六百五十步，南六坊，纵各五百五十步，北六坊，纵各四百步……"是以长安城各坊尺寸均较北魏洛阳为大（当依实测为准）。

邺城制度的影响，除了"渤海国"（东北靺鞨族所建国，仿唐朝文化，辽朝时移其族于辽阳，改名东丹国）的上京龙泉府（今址在吉林集安）之外[30]最受影响要属日本古代诸京：如难波京（645年）、大津京（667年）、飞鸟京（672年）、第二次难波京（694年）、平城京（716年）、长冈京（784年）、平安京（794年）。凡此诸京，均在中国邺城制度（魏至南朝陈）的范围内，尤其受到隋大兴（582年）（唐长安）的影响至为明显，其中太极殿、朝堂院、内里等名称，更与中国古代宫廷制度有关。日本最初遣使，当三国之魏朝，持续至北魏。日本与中国的关系，从《三国志·魏书》以后，历代记载无间断，而原与南朝友好的使节，因梁之亡而改向北朝之东魏、北齐，如百济王余昌原向梁，梁亡，向北齐，北齐封为"使持节、侍中、骠骑大将军，带方郡公、百济王。（《北齐书》后主纬武平元年）

凡是有影响的文化体系，总是有长期稳定的富裕的社会生活，唐代就是这样的社会时期，所以发挥了巨大的文化影响。包括唐代的宗教、宗教艺术如佛像、雕塑、绘画等等。所以不难从敦煌石窟中找到影响日本的佛教艺术的因素。而城市更是一个大综合体，《洛阳伽蓝记》中所描写的繁华景象，原可以期待它更早发挥出影响世界的文化光芒，却因其不幸的历史，过早地夭折了。而昙花一现的隋代，因其短暂，不得不让位于其后更灿烂更成熟的唐文化，而为后世长期咏说。

2000年7月10日写讫

注释

①三国志.魏书.卷十四.郭嘉传
②文选.李善注："南得河内、魏郡；北得赵国、平山、常山、钜鹿、安平、甘陵；东得平原；西得东平；凡十郡，以此为魏之本国。"
③三国志.魏书.卷一
④三国志.魏书.卷一
⑤三国志.魏书.卷六十四.郭祚传
⑥晋书.卷四十.杨骏传
⑦晋书.卷六十.索靖传
⑧通典.卷七十九
⑨南史.卷四十八.陆澄传
⑩参见拙著.中华古都.中第十三项：魏晋南北朝至隋唐宫室制度沿革——兼论日本平城京的宫室制度.页165
⑪建康实录.卷五
⑫建康实录.卷九.烈宗孝武皇帝
⑬魏书.卷七.高祖本纪
⑭南齐书.魏虏传
⑮魏书.卷十九，任城王传
⑯魏书.卷八十三.外戚上，冯熙传
⑰洛阳伽蓝记.卷一.流觞池扶桑海末条
⑱魏书.卷三十一.于栗磾传
⑲魏书.卷七.高祖纪："十有九年……六月已亥，诏不得以北俗之语言于朝廷，若有违者，免所居官。"
⑳魏书.卷七.高祖纪："诏迁洛之民，死葬河南，不得还北，于是代人南迁者悉为河南洛阳人。"
㉑魏书.卷七.高祖纪："七年春正月丁卯，诏改姓为元氏。"
㉒魏书.卷八，世宗纪："景明二年……九月，发畿内夫五万人筑京师三百二十坊，四旬而罢。"
㉓洛阳伽蓝记
㉔魏书.卷二十一，列传九，高阳王传
㉕魏书.卷十四.列传六十二.文安公元屈传
㉖北齐书.卷十八.列传十.高隆之传
㉗北齐书.卷四十.列传三十二，白建传
㉘北齐书.卷三十九.崔季舒传
㉙资治通鉴.卷一百七十五.陈纪九
㉚金毓黻.渤海国志长编.社会科学战线杂志社，1982

（下转61页）

中国古代城镇商市空间形态的发展变化

权亚铃

在中国历史上，真正意义"城市"的出现，离不开两方面的因素。一是具有政治、军事防御功能的城垒，另一个便是提供交换、贸易等经济活动的商市，可以说，商市空间是孕育、并促成城市产生的重要因素之一。同时，商市空间是"真正的"城市公共生活空间，随着城市功能趋于完善，商市空间在城市中的作用与地位的提高也是必然的。在中国城市建设史中，商市空间呈现出封闭到开放，由集中到网络分布，其规模由小到大，其地位不断上升的趋势。尤其是宋代以后，商市在城市中得到空前地发展，商市空间在空间艺术方面对整体城镇所作出的贡献也是显而易见的。

本文通过对中国古代城镇商市空间形态的发展、演变的探讨，期望能够进一步发掘和总结我国古代在城市商业空间建设中遗留下来的优秀传统，期望能够对现今的城市建设有一定的借鉴价值。

当我们谈到城镇商市空间，决不仅仅指那些单一的、进行经济交换活动的场所，因为从人类最初的聚居生活一直到今天，这个空间始终意味着对社会生活的参与，它是大众的生活、文化中心。

中国古代城镇商市发展的历史，按商市的型制，商市与城镇的关系以及商市本身的布局、空间形态和功能等几方面的考察，从远古至明清，大致可分为四个时期，即萌芽期、雏形期、发展期和成熟期。处于不同时期的城镇商市空间，由于所受的社会、经济等环境影响因素的不同，其所呈现的空间形态有较大的差异。但也应该看到，在发展过程中，商市空间形态一脉相承，前后相继的关系还是清晰的。

一、萌芽时期的城镇商市空间形态

——从郊野到"宫市"，封闭"市制"的起源

从政治经济学的观点看，商品交换是有了剩余劳动产品、阶级出现之后的现象。但从人类学研究来看，人类的交换意识和行为的出现要早得多，虽然它可能只是少量的、不经常的。

原始社会末期，随着生产力的发展和两次大的社会分工的出现，氏族和部落内部开始发生贫富分化，出现行业的差别，人们需要互通有无，交换活动也就成为必然，随之在物品交换的集中地带便形成了人为空间场所——"市"。从文献记载来看，我国的"市"起源于原始社会氏族、部落之间，《易·系辞》云："包栖氏没，神农氏作，列廛于国，日中而市，致天下之民，聚天下之货，交易而退，各得其所。"并且"市"逐渐由乡野进入城镇，为城镇在经济形态方面功能的完善注入了新的活力。

"市"作为原始的经济交换场所，它的产生并不在"城"中，而在"城"之间的乡野，由居民们自发形成，是各处人流都能方便到达的聚集、交换场所。这一点我们可以从考古学的成果里找到一些证据。

"市"进入城堡之中，是"城"自身的完善和发展过程中一次必然的质的飞跃。"市"进入城镇首先是作为为统治者服务的"宫市"进入的，在"市"中与物品交换的同时，大众文化与城中的统治阶级上层文化之间也得到了交流。另外，市进入城，也影响了城社会结构的变动，城镇中出现了大量的非农业生产者和非生产劳动者，为城镇社会突破单一人口结构，创造多种多样完善

（上接60页）

日文参考书目

1.中尾芳治.难波官と难波京
2.岸俊男.日本の官都と中国の都城
3.泽村仁.难波京について
4.秋山日出雄.八省院＝朝堂院の祖型
5.关野贞.平城京及大内里考
6.泽村仁.都城の变迁——古代の都市计

画とその内容
7.奈良县教育委员会.藤原官
8.直木孝次郎.难波——古代を考える

郭湖生，东南大学建筑研究所教授

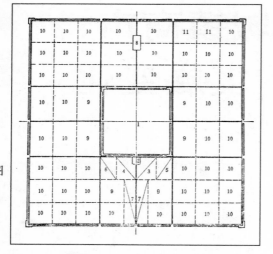

图1　王城基本规划结构示意图
1—宫城；2—外朝；3—宗庙；
4—社稷；5—府库；6—厩；
7—官署；8—市；9—国宅；
10—闾里；11—仓廪

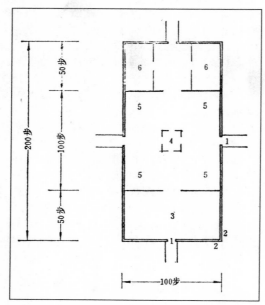

图2　王城市场区规划设想图
1—市门；2—市垣；3—朝；
4—次；5—叙；6—廛

的城市社会结构与生活提供了前提条件。

从我国城市建设发展史来看，在西周开国之初曾出现过一次城市建设高潮，其建设制度是奴隶社会经济基础的反映，带有浓厚的宗法等级特征。作为对这次城邑建设高潮营城建邑的经验的总结和整理，在春秋晚年，统治者们制定并颁布了《周礼·考工记》，在"匠人营国"一节中专述了西周奴隶时代的城邑建设制度。其中对王城市制的规定为"面朝后市"和"市朝一夫"。

西周的商贾分官贾和民贾，其中官贾是主要的，并隶属于奴隶主贵族，《周礼·质人》中说："质人掌成市之货贿：人民、牛马、兵器、珍异、凡卖儥者质剂焉"。可见官贾交换的商品，种类之繁多。除官贾外，自由民中也有专职商业的，《周书·酒诰》："肇牵车牛远服贾，用孝养厥父母"，指的便是民贾。

西周王城中的"宫市"是出现在城

邑中的固定的集中市场。在这里进行交易的都是官贾，依然"日中而市"，市罢即散；从其位置来看，《匠人》规定"面朝后市"，即市在宫北，位于全城主轴线上，与宫前区的外朝，隔着宫城遥相对应，一般邻近城的正北门(图1)。

作为早期城镇商市空间的重要形式，"宫市"已具有其特有的、不同于里坊和宫城的空间形态特征。

a.封闭性

在西周王城中，"市"周边建有"市垣"，四边各开一门，具有很强的封闭性。(图2)这一点，与整体王城，包括宫城，甚至闾里的封闭的空间形态是相统一的。

b.功能已呈现多元化的趋势

《周礼·内宰》立市职文曾说："设其次，置其叙，正其肆"。可知在"市"中除了用于交换活动的叙、肆之外，还设有市场管理职官的办事场所"次"，将商品分门别类，分别陈列出售。而且，在"市"中官贾货物集散，还考虑有"廛"（货栈），以备贮藏货物。另外，由于"市"兼具刑场职能，已有了广场，具有一定的公共社会生活中心的作用。

c.临时性

由于当时商品经济很不发达，交换活动也是非固定的，其设施据推测也是临时的，且规模很小，"日中而市"，市罢即散。

d.等级性

由于"宫市"是专为统治阶级，即奴隶主贵族服务的，它与以后封建社会城市中为各阶层居民而设的集中市场有本质的区别。商品的种类也有限制和要求，有强烈的等级特征。

综上所述，从郊野到"宫市"，标志着古代城镇商市的萌芽。"宫市"虽带有很多时代的局限性，但它毕竟是"市"进入城中所迈出的关键性的第一步，初步具备了封闭"市制"的基本空间形态特征，为以后城镇中商市空间的发展奠定了基础。

二、雏形时期的城镇商市空间形态

——封闭式的集中市制的确定和东西两市制度的出现

从春秋战国到秦汉，大多数都城推行着西面小"城"连结东面大"郭"的布局。随着社会经济的变革，以及手工业和商业的发展，虽然宫城以内仍设有"宫市"但其规模不大，服务对象也有限，而"郭"里的"市"区是与人民的生产和生活密切相关的。这种"市"到了西汉长安城中演变为东西两市制度，这样，城市经济中心的地位得到了明确和巩固。

雏形时期的城镇商市空间形态有以下几方面的特征:

a.封闭式的集中市制的确立

考古资料显示,在战国时代封闭结构的"市"区就已较为普遍,例如,在秦国都城雍的遗址的东北部,发现了"市"的遗址",平面为长方形,东西宽180m,南北长160m,四周围墙都开有市门,已发掘的西门,南北长21m,东西宽14m,入口处有大型空心砖作为踏步,从残存建筑遗物来看,门上还有四坡式的屋顶。

封闭式的集中市制的实行与当时城市中实行封闭的里坊制有直接的关系。"市"作为城市中的一个功能单元,自然需要与城市整体组织结构相一致。所以也有早晚定时开闭市门的规定,热闹的市区,清早就有许多买客等候市门开放,"侧肩争门而入",为的争取"所期物"(《史记·孟尝君列传》冯谖语)。

b.市的布局、功能和管理特征

从我国四川省成都市郊外出土的东汉画像砖(图3)及东汉墓室壁画中有关"市"的画像,形象地展示给我们这一时期"市"中的布局结构。如图,"市"的东西南北面都开有宽敞的门户,中间有宽大的"十"字街,把整个"市"划分为四个区,"十"字街的中心,有规模较大的多层楼亭,应当是"市"的官署所在地的旗亭,可以登楼向四区的商店眺望。每个区有三横排或四横排商店(也可能只是一个意向的表达,指有多排商店),即所谓"列肆"。列肆的店面都是同一规格的向街开敞的廊房。每排商店之间的通道,叫做"隧"。

在这一阶段,市所承担的功能更加多样化,强化了它作为城市社会公共活动中心的性质。到春秋战国时期,"市",已有不少人驾驶牛车前去,南门外常有许多牛车停靠,可见,此时的广场已具相当规模。《史记·孟尝君列传》中还记载因为日暮市门已闭,市朝就无用了,也还常被用作陈列判处死刑的人的尸体的地方。另外,由于市门是群众经常进出的地方,因而成为布告和公布赏格的地方。

《周礼·地官》中"司市"有这样的记载:"司市,掌市之治教、量度、禁令。以次叙分地而经市,以陈肆辨物而平市,以政令禁物靡而均市,以商贾阜货而行布,以量度成贾而征读,以质剂结信而止讼,以贾民禁伪而除诈,以刑罚禁虣而去盗,以泉府同货而敛赊。"估计这应是对东周列国时期的市官及市的管理的描述。"司市"是掌管市场中各项管理的官职,规定货物须分类别陈列、出售、规定了货币及量度标准以及"去盗"等维护治安的工作。《周礼·地官》中还有:"大市日昃而市,百族为主;

图3　东汉画像砖所见"市"的结构图
(四川省成都市郊外出土,采自《四川汉代画像砖》,上海人民美术出版社1987年出版)

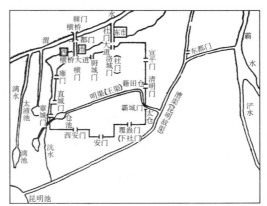

图4　西汉长安城郭布局图
(采自杨宽《西汉长安布局结构的探讨》,《文博》1984年创刊号)

朝市朝时而市,商贾为主;夕市夕时而市,贩夫贩妇为主。""昃"通"昊",即太阳偏西,《易·丰·象传》中"日中则昊,月盈则食"。可见,当时还从时间上进行管理,"大市"是正午及正午以后,以广大老百姓为主,至于"朝市"、"夕市",则是主要面对商贾及小贩的。

c.西汉长安对称的东西两市制度

在继承春秋战国及秦的市制的基础上,由于城市的扩大及经济的进一步发展,西汉长安城最早出现了东西两市制度。虽然宫城中依然有"市",但并非东西两市,而是"雍门东"的"孝里市",类似于西周王城中的"宫市"性质,而真正的东西市却是在城外北郭内。

据记载,长安的西市由六个市合组而成,东市由三个市合组而成,每个市

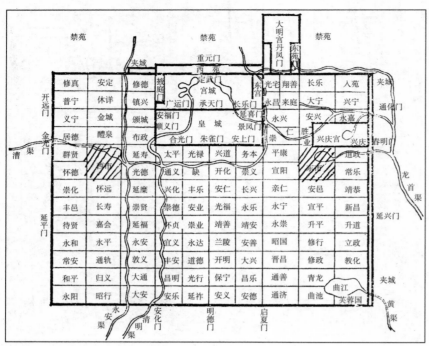

图5　唐长安城图(摹自《唐两京城坊考》)

又由四个里合组而成，都在内城的北面郭区内(图4)。每个市的面积是266平方步，市中的"里"比作为居住单位的"里"的面积小得多。班固《西都赋》说"九市开场，货别隧分"，就是说九个市是按商品的"货"来区别，按"里"中"隧"来分段的。张衡《西京赋》说"旗亭五重，俯察百隧"，就是说五层楼的市令署，屋顶上插旗，可以居高临下，俯察到"里"中"百隧"两侧所设商店的贸易情况。这种市上设有高层建筑的官署的方式，为后代所沿用，后来大约在西晋又在旗亭上设有钟鼓，作为市的开闭的信号。

从春秋战国到秦汉时期，可以称之为"雏形"时期，中国古代城镇中的商市在西周建设型制的基础上，走出了"宫市"的桎梏，确立了封闭式的集中市制，在王城之外设立了更大规模的"市"，面对广大市民，市的功能进一步多样化、综合化；市的布局和管理也有了固定的型制；更重要的是在西汉出现了东西两市制度。所有这些，都为中国古代商市的进一步发展提供了一个较为清晰的雏形。

三、发展时期的城镇商市空间形态

　——封闭式市制的顶峰，"大市"制度与商市的繁荣

西汉之后，一直到隋唐，是中国古代城镇急剧发展的时期，城镇的规模不断扩大，但其基本的空间组织结构并未发生本质变化，保持着封闭式的权力中心城市结构，"里坊制"仍占有绝对主

导地位。作为工商业区的"市"，其位置由在都城的北部演变为在宫城的南面，即改变"面朝后市"为"面市后朝"而且划分得十分整齐。

在这一时期，城镇商市空间的发展变化，主要表现在以下几方面：

a.封闭式集中市制趋于完善

伴随着城市整体棋盘式严整结构的逐步完善，城镇商市从总体上也呈现出愈加趋于封闭、集中、规整和对称的趋势。

以唐代长安城为例，它的格局达到了古代都城封闭式结构的顶峰(图5)。如图、宫城、皇城与居民区、市区已彻底隔离，"宫市"也已不复存在了。

唐长安有东、西两市，各占两"坊"之地，平面近正方形，面积都约1平方公里。方形围墙内有沿墙平行的街道，四面围墙各开两门，内设东西向和南北向的大街各两条，呈"井"字形，西市街宽16m，东市街宽近30米，把全"市"划分为九个区，每区四面临街设置各种行业的店铺。

作为隋、唐东都的洛阳，其规划由于受到自然山水的较大影响而别具特色，与长安城不同的是，洛阳有北、南、西三市，因地制宜地在城市中均衡布局，但其市制基本上与唐长安相同，呈对称而规整的形态。

b."市"与"里"相结合的"大市"制度

北魏洛阳有三市，西郭的大市是主要的市。据《洛阳伽蓝记》，这个大市由一个市和周围十个里相结合而成。"出西阳门外四里，御道南有洛阳大市，周迥八里。……市东有通商、运货二里、里内之人、尽皆工巧、屠贩为生、资材巨万。……市南有调音、乐律二里、里内之人、丝竹讴歌、天下妙伎出焉。……市西有退酤、治觞二里、里内之人、多醞酒为业。……市北慈孝、奉终二里、里内之人、以卖棺椁为业、凭辒车为事。……别有准财、金肆二里、富人在焉。凡此十里，多诸工商货殖之民，千金比屋，层楼对出，重门启扇，阁道交接，迭相临望"。由这段话可以推知，环绕西市，每面设有两个里，手工业者、贩卖者、屠夫、卖艺者、酿酒者以及经营有关丧葬的服务业者、都分列在"市"周围的里中，这些里作为市的一部分，并且有特定的里名。

唐长安及唐洛阳虽然没有采用北魏洛阳那样"市"和周围的"里"相结合的"大市"制度，但也有类似地情况，例如允许东、西两市周围的"里"中有经营某种手工业和商业的人居住，并从事贸易活动。

"市"与"里"相结合的"大市"制度是古代城镇封闭式商市发展到一定

阶段的产物。随着城市经济的发展，原有的市区本身不能满足商人和市民的需要，必然要向市坊之外发展，但由于受整体城市封闭式结构的制约，这种发展又是极为有限的。

c. "市"的数量与功能的增加，以及按"行"分列的布局

"市"的数量的增加是显见的。前面提到过的北魏洛阳、唐长安、唐洛阳等，城中都有两到三个"市"，"市"中不但有商品贸易本身，更增添了各种服务行业。除此而外，江南地区的城市在这一时期也有较大的发展，最著名的当属东吴都城建业，它并不像中原都城那样有整齐的布局，为了适应当时建业发达的水上交通，贵族的"里"和重要的"市"都设在御道以南的秦淮河流域。东晋、南朝时，"市"在东吴原有的基础上大有发展，除已有的大市、东市、北市以外，还有小市十多所。同时出现了以交易一种货品为主的市，如牛马市、纱、市、蚬市之类，说明在市的数量增多的同时，分类更加细致，还出现了专业(营)市场。

"市"中经营的行业的种类也已十分繁多，长安东市"市内货财二百二十行"(《长安志》卷八"东市"条)，洛阳南市"其内一百二十行，三千余肆，四壁有四百余店(指仓库)，货贿山积"(《元河南志》卷一《京城门坊街隅古迹》"唐南市"条)。所谓二百二十行、一百二十行等，都是说明各种行业种类之多。同时，伴随商贸活动种类和数量的增多，与其相应的服务行业也兴旺起来，如茶楼、酒肆、饮食店、客栈、典当以及多种娱乐行业等等。

唐长安西市的发掘，还证实了当时市内按"行"分列的布局。例如，西市南大街南侧临街处有小圆坑多处，其中埋有坛罐，推测为饮食业的列肆所在。而在南大街中部，因出土大量骨制饰物、又有珍珠、玛瑙、水晶、甚至少量黄金饰物，推测应是珠宝业的列肆所在。这种依行业不同，分街区经营的方式在后世一直沿用。

d. "市"的管理制度

唐长安东西两市由居于"市"中心的市署和平准署主管，位于"井"字形街的中心部位，东西宽２９５ｍ，南北长３３０ｍ。市署设有市令，主管市肆、建立标记，校正度量衡器，统制各种商品上、中、下三等价格，检验手工业品规格，管理买卖奴婢牛马契约的订立，早晚市门的开闭等。而平准署主要职掌官用必需品的购入，官司不用之物和没入官府物品的卖出。"市"的管理十分严格。

e. "市"与城市水系的关系日渐密切

随着"市"中交易物品的增多（其中许多是外地泊来的），对外交通的便利程度，直接影响到"市"的繁荣。在当时，水上交通十分普遍，所以水系渐渐与商市相联系，尤其是在江南的一些城镇，这种联系是十分明显的。

谚语所谓"南船北马"，在以东吴建业为代表的江南城镇，由于水网密布，船是主要的交通工具，水上运输也是主要的运输方式。左思《吴都赋》中在描写"市"时，就有"轻舆按辔以经隧，楼船举帆而过肆"，所谓"隧"，是指"市"中街道，所谓"肆"是指"市"中排列成行的商铺，轻便的马车可以通过"市"中街道，建有高楼的大船可以经过"市"中成排的商铺，说明"市"内不但有通行马车的大道，而且有横穿过"市"区的大河。可是"市"与水系的密切关系。

f. "庙市"与"市"的文化传播作用

中国的寺庙以及祭祀活动都带有很强的世俗性的特征。由于在某些民间节日时，寺院热闹异常，人流集中，相应地就会有盛大的庙会、集市等。与寺庙相结合的"庙市"，使商市中的活动内容得到扩展。在北魏洛阳城中，"市"与寺庙较为相近，即有了记载。西市是北魏洛阳的主要市区，而它与著名寺院——白马寺仅一里相隔。又如我们前面曾说过的东吴建业，大市设在建初寺前，北市设在归善寺前，应当是由庙市发展而形成的。

同时，值得注意的是，商市不仅起到经济上的交流作用，而且越来越多地起着文化上的传播作用。以书市为例，《后汉书·王充传》中就有这样的描述，王充"家贫无书，常游洛阳书肆，阅所卖书，一见辄能诵忆，遂博通众流百家之言"。可见东汉洛阳已有不少书肆，可供人阅览选购。而到唐代后期，随着雕版印刷术的发明，书肆的规模进一步扩大，出售书籍的品种更加丰富。

西汉之后，一直到隋唐，中国古代城镇商市从雏形时期发展到了封闭式市制的顶峰，并且超出了原有"市坊"的界限，形成了"市"与"里"相结合的"大市"制度。在城镇中，"市"的数量增加，功能趋于综合性，逐渐按"行"分列，出现了"行会"组织的萌芽，"市"的管理制度也超于完善。由于水上交通的重要，许多城镇，尤其是江南水乡城镇的商市与水系的关系极为明显。在这一时期，"市"又与寺庙逐渐结合而形成"庙市"，书市及一些表演艺术类行业的兴起，使"市"成为文化媒体传播的重要场所。总之，这一时期，商市出现前所未有的繁荣景象，并对城市社会公共生活的繁荣起到重要的推动作用。

四、成熟时期的城镇商市空间形态

——封闭式市制的瓦解、水上交通要道处新"行"、"市"和繁荣的"街市"以及大街小巷的城市结构的形成

宋、元、明、清时期，我国古代都城在经历了从"里坊制"到"街巷制"的演变之后，发展到成熟阶段，同时，在集市基础上逐渐发展起来的中小城镇也在我国大规模兴起，究其原因，应当归结为商品经济的发展需求。这一时期，城镇商市空间组织结构的变化，主要表现在以下几个方面：

a.封闭式市制的瓦解，繁华的新街市的形成

唐末到北宋，我国封建制度下的生产力有很大发展，手工业分工日益精细，而商业、手工业和城镇中各种行业的发展与自古沿袭下来的"里坊制"规划型制的矛盾愈来愈突出，其焦点表现为开放与封闭的矛盾，即商市的活动空间须要扩大和开放，而旧的商市过份集中且用地紧锢。据文献记载，唐末已开始出现在里坊内设店及破坊墙沿街设店的现象，不过当时被认为是破坏祖宗法制的行为。但是商品经济发展的客观趋势是不以人们意志为转移的，旧的观念终究是会被打破的。

封闭式市制的瓦解以及繁华的新街市的形成，从晚唐开始，大约经历了300多年，直到北宋中期才彻底完成。

最早是五代的后周世宗实践了开放式的城市结构，他在扩展加筑大梁（今开封）外城的同时，作出新的规划。他准许居民沿街造屋，并可占有街道十分之一的宽度面积，用来种树、掘井和搭盖凉棚等；他还采取了奖励居民沿汴河建造"邸店"（就是供客商堆货、寓居并进行交易的行栈）的政策。后周世宗对大梁的建设标志着封闭式市制的终结。

到北宋的东市，就出现了如孟元老《东京梦华录》所记述和张择端《清明上河图》所描述的情景，酒楼、茶坊以及各种商店都沿街开设，甚至桥上、城门内外等交通要道处都成为市场。卖艺的游艺场也都沿街巷设立。居民众多的小巷也不再相互隔离而直通大街，居民区与商业区往往连成一片，而不再有专设的、封闭的"市"了。"坊"也成为行政上地区的名称，不再是封闭式的居民住宅区域了。从此，"街巷"结构就代替了原来的"街坊"结构。

后来的元大都和明清北京城的街市继续了宋的基本结构，并且有进一步的发展。一个显著特征，就是在城中心设钟鼓楼的钟楼街，被规划为市中心最宽广的地方，也是最为富庶殷实的商业中心。明永乐年间迁都至北京，原金大都的商业中心遂从北向南迁移，较固定的街市有西四牌楼和东四牌楼，另外一些定期的庙市、集市等也成为城市中最为活跃的商业点。如在东城就有著名的灯市，西城有城隍庙的庙市及琉璃厂的文化街等等。

可以说，从北宋中期封闭式市制的彻底瓦解，到后来繁华的新街市的形成依然经历了很长一段历史过程。最初是在沿河近桥和城门内外水陆交通要塞地带形成临时的新行市；然后这些新行市得以固定，并逐步发展，同时，伴随开放的新街巷交通系统的形成。各种服务行业、文化、金融行业得到发展，不仅如此，还有定期的庙市、节目集市等带有流动性，具有广泛适应性的集市，从而最后形成具有中国传统文化特色的商市空间系统。

b.民间文娱活动的开展及其与商市活动的融合

宋元明清时期，各种民间文娱活动在城镇中广泛展开，并且不断地与商业活动相交融，成为商市中不可缺少的组成部分。许多商市不仅是商业中心，同时还是游览中心、文化娱乐中心、社会交往中心等。其中突出的有以"勾栏"为中心的"瓦子"，寺院活动及"庙市"，文化街等等。

早在隋唐时代，就有以大街作为"戏场"的风气，百官夹路起棚观看，表演歌舞及各类幻术、技艺者竟可达三万之多，盛况空前。在长安一些著名的寺院道观中还经常设有表演歌舞和百戏的"戏场"，在某种程度上，北宋以"勾栏"为中心的"瓦子"，就是由于在街头的空地上设置"戏场"而形成的。

瓦子，或称瓦市，原是临时集市的意思。因为这种集市常以演戏的"勾栏"为中心，习惯上也就把以"勾栏"为中心的集市称为瓦子或瓦市。由此，固定的戏场才开始出现，还有许多表演、技艺等。可以说，在商市空间中融合有各类民间文娱活动，是中国传统城镇商市空间的特色之一。

城镇中的寺庙道观对于民间文娱活动及商业活动的开展也起到了重要的作用。例如：北宋东京有大相国寺的庙会，清北京则有白塔寺、土地庙、护国寺和隆福寺等"四大庙市"，这种在每月轮流四处举行的"庙市"，具有很大流行性，便于附近居民前往选购所需物品。更重要的是，这种定期的大集市往往伴有一些民间文娱活动，分外热闹。

元大都时依然保持有城隍庙庙市，每年正月的灯市以及各处的书肆、琉璃厂文化街等，在商市活动中带浓厚的文化气息。直到明清北京，这种特色被继承并有进一步的发展。

c.集市的发展与市镇的兴起

宋代之后，由于城市人口的不断增加，封建经济的不断发展，除了在大城市中有一些固定的街市以外，在城内、外，甚至乡野之间，又有了集市的兴起，这些集市就有可能发展成为固定的新兴市镇。

那些由乡民们约定俗成的定期集中，随着规模不断扩大，以及商人渗入的不断加深，集市上出现了店铺、客栈、仓库等，逐渐由原先那种"市之所在，有人则满，无人则虚"的不定期集市，发展为拥有常住居民和店铺的"市"，成为一个基层的商业中心。南宋时江南一带农业经济与商业经济都很发达，所以市的数量十分可观。至于镇，是在"市"的基础上发展起来的，是比"市"更大的商业中心，它不同于宋以前就有的那种军事性质的镇，而是专指市镇之镇。著名的有南翔镇、周庄镇、乌镇、青镇等。

发展到明中叶之后，特别是清代康、雍、乾时期，市镇和集市的数量和商品交易的规模都超过了以往任何时代，遍布全国的集镇和集市这些"地方小市场网"成为把广大小生产者联系起来的商品集散地。

d.行会组织的进一步发展

在唐代长安东西两市中已经形成商人各种行业的联合组织，如肉行、绢行、麦行、药市等，这些行市，不仅是同业商店所在街区的名称，也还是同行商人的联合组织的称谓。到了宋代，除了商人联合组织的行会外，又有了雇佣劳动者的"行"的组织；而到明清时期，各种工商会馆和公馆又大批涌现；但总的来说，行会是出于商人或劳动者为谋求共同利益，既带有政治色彩，又具有重要的经济职能。

宋元明清时期，封闭式的市制瓦解，在沿河近桥和城门口附近，这些交通要道处新"行"、"市"逐渐形成，并最终导致繁荣的新街市在城镇中形成。在这一时期，民间文娱活动大规模兴起，并不断地与商市活动相融合，成为商市中不可缺少的重要组成部分，同时行会组织进一步发展。另外，各种集市在城市和乡野随经济的发展而大量发展，并由此产生了许多地区性的、专业

附：

中国古代城镇商市发展史的分期

分 期	空间形态特征	主要表现
萌芽期(西周及西周以前)	从郊野到"宫市"，封闭"市制"的萌芽	·"市"从郊野进入城堡；·"宫市"的出现及其封闭的空间形态；·空间功能多元化趋势；·临时性；·服务对象的等级性
雏形期(春秋战国至秦汉)	封闭式集中市制的确立和东西两市制度的出现	·封闭式集中市制的确立；·市的布局、功能和管理特征；·西汉长安对称的东西两市制度
发展期(东汉、北魏至隋唐)	封闭式市制的顶峰、"大市"制度与商市的繁荣	·封闭式集中结构市制趋于完善。·"市"与"里"相结合的"大市"制度；·"市"的数量与功能增加，以及按"行"分列的布局；·"市"的管理制度的发展完善；·"市"与城市水系的关系日渐密切；·"庙市"与"市"的文化传播作用
成熟期(宋、元、明、清)	封闭式市制的瓦解；水上交通要道处新"行"、"市"和繁华的"街市"以及大街小巷的结构	·封闭式市制的瓦解、繁华的新街市的形成；·民间文娱活动的开展及其与商市活动的融合；·集市的发展与市镇的兴起；·行会组织的进一步发展

的商业中心——市镇。总之，在这一时期，中国古代城镇商市空间形态趋于成熟，显露出其特有的空间形态。

结语

中国古代商市，凝结着民族的历史文化，表现着城镇的独特风貌。通过分析其形态的发展，可以看出，商市的发展演变略滞后于城镇本身空间形态的发展演变，城镇空间形态的变化会直接影响到其商市空间形态，同时商市空间形态的发展变化也会不同程度地影响到城镇空间形态，例如，晚唐至北宋中叶，正是由于商市的发展需求促成了城镇从封闭的"里坊制"到开放的"街巷制"的重大的变革。

参考文献

1.刘永成、赫治清.略论中国封建经济结构.中国封建社会经济结构研究，中国史研究编辑部编.中国社会科学出版社，1985

2.(美)刘易斯·芒福德.城市发展史.倪文彦、宋俊岭译.中国建筑工业出版社，1989

3.杨宽.中国古代都城制度史研究.上海古籍出版社，1993

4.贺业钜.考工记营国制度研究.中国建筑工业出版社，1985

5.十三经注疏(上).中华书局.1979

权亚玲，东南大学建筑系讲师

雅典卫城山门朝向的历史演变及其意义

赖德霖

话说宙斯看上了欧凯阿诺士与泰杜丝的女儿美谛斯。美谛斯是个精灵，但在精灵之中，美谛斯却是个智慧而娴淑的女性。宙斯为证明他对她的爱是永恒的，便开始吞噬她。过了没多久，他的头痛起来，好像要裂开似的。宙斯没法忍受这痛苦，只好采取非常手段。他召来了伟大的铁匠哈派斯特，请哈派斯特用铁锤把他的头骨敲开。这对铁匠之神来说，当然不是什么大事。他用他的打铁用具，猛力一击，在宙斯的额上开了个洞。一个手持长矛、戴着头盔，年轻貌美的武装女郎，便从这个创口出现了。美丽的雅典娜于焉诞生。

这就是她之所以为宙斯与美谛斯二人的女儿之故；另一方面，也因此才能在降生之际即禀赋了一方的德操与另一方的权力。她集力气与智慧、思虑与正义于一身。她也被看成是艺术的保护者，文字与绘画的创始者。

——希腊神话

雅典是古希腊的政治和文化中心。它得名于雅典娜(Athena)这位希腊神话和传说中的战神与智慧女神。在传说中，雅典娜曾经和众神一起战胜了冒犯奥林匹斯山的巨人，她还启示希腊人制造了木马，从而攻克了特洛伊城。雅典人把雅典娜当作自己的保护神，雅典卫城(Acroplis)就是他们祀奉雅典娜的场所。

卫城位于雅典城中心偏南的一座小山顶上。小山高出平地约70至80m，是全雅典城的最高点。卫城地势西低东高，东西方向长约280m，南北方向宽约130m。卫城上现存的建筑残迹大多始建于公元前5世纪的希(腊)波(斯)战争之后。其中最主要，也是最显著的建筑是位于卫城南部

的帕提农神殿(Parthenon)。神殿建于公元前447至432年，用于供奉雅典娜神。在卫城的北侧还有一座伊瑞克提翁殿(Erechtheion)，它建于公元前421至405年，用于供奉传说中雅典人的始祖伊瑞克提斯(Erechtheus)。卫城的西端是山门(Propylaia)，建于公元前437至432年。山门西南侧还有一块突出于山体的石台，被称作"堡台"(bastion)。它的出现可以上溯至公元前13世纪以前的迈锡尼(Mycenaea)时代。公元前449至425年前后在它的上面建造了胜利女神殿(Temple of Athena Nike)。除了这些尚保留着残垣断柱的建筑遗迹外，卫城上还有一些仅存基础的建筑遗址。如帕提农神殿与伊瑞克提翁殿之间的旧雅典娜神殿(Old Temple of Athena)址，它东部的雅典娜祭坛址，以及它西部的雅典娜立像址(图1)。

说起雅典卫城上这些建筑物的布局，一个引人注意的现象是，山门的中轴线并不与卫城的中心建筑物帕提农神殿的轴线相重合。也就是说，山门在设计时并未考虑将人们的视线直引这座最重要的建筑物。不仅如此，根据考古发掘和历史研究，卫城在已知的历次整修过程中，无论是从早期的迈锡尼时代还是到后来全盛的伯里克利(Perikles)时代，都没有把一座建筑物当作入口的对景。这一现象对于熟悉古典建筑以轴线作为

图1 a 雅典卫城鸟瞰

构图基本法则的人们来说颇为费解，以至于著名的希腊城市建筑史学家道克赛阿迪斯(C.A.Doxiadis)认为，古希腊纪念性建筑群的布局是在建筑的现场根据具体的景观环境和视觉效果安排的，而不是在画图板上设计出来的，它们因此并不遵循轴线构图的原则[①](图2)。

然而，尽管道克赛阿迪斯在他的著作中列举了大量遗址测绘图和测量数据来证明他的观点，我始终难以相信，在建筑设计和室内设计中能够熟练运用轴线和对称构图原理的希腊人，在建筑的群体规划上会这么轻易地抛弃它。在本文中我就以雅典卫城的入口方向问题作为研究对象，考查轴线构图原理在这个建筑群体规划中是如何体现的；它所具有的特殊的政治和宗教意义又是怎样的。为了这一目的，我将把山门、它西南侧的堡台、堡台上的建筑，以及山门与堡台之间的空间当作一个整体，并结合历史著作所记载的与考古发现所揭示的发生在卫城的祭祀活动，进而复原山门在各个历史阶段所具有的实际功能和象征意义。

本文对卫城山门历史面貌的描述将以美国国家考古学院(Archaeological Institute of America)1993年考古报告系列之一《米奈西克力斯之前的雅典卫城山门》[②]作为根据。因为这份报告不仅是关于卫城入口历史状况的最新调查，而且它还修正了先前以著名考古学家丁斯摩尔(W.B.Dinsmoor)的观点为代表的一些旧的复原假说[③]。

在历史上，雅典卫城最初是迈锡尼王朝的一处宫殿所在地。考古发现表明，宫殿的建筑群建于卫城的小山顶，就处在后来的帕提农神殿和伊瑞克提翁殿之间的平地上。建筑群包括有国王的住所、议政场所和祭坛[④]。尽管卫城最初的入口早已荡然无存，但研究普遍认为，它应在卫城的西端，因为这边山坡较缓，是唯一可以修路通达山顶的地方。公元前13世纪下叶，雅典遭到了南下的陶利安人(Dorian)的威胁，并由此导致了迈锡尼王朝的灭亡。雅典卫城防御性的城墙被认为就是在这一时期构筑的。为了提高卫城西端缓坡的防御能力，在西坡的山脚下还加筑了一道连贯南北两陡坡的城墙。与这些城墙的功能相一致，这一时期卫城山门的设计也体现了

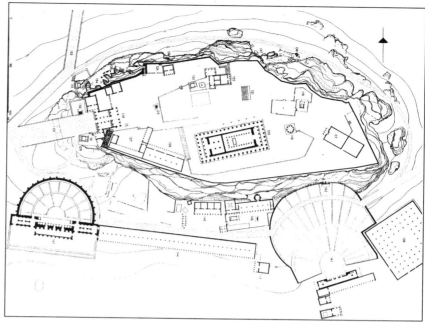

图1 b 雅典卫城总平面图
资料来源: John Travlos
主编: Pictorial Dictionary of Ancient Athens, Praeger Publishers, New York, 1971, P.59

很明显的防御性要求。《米奈西克力斯之前的雅典卫城山门》一书的作者埃特尔雅格(Harrison Eiteljorg)根据卫城现在山门周围残存的遗迹复原了这一旧的山门。他认为，旧山门应与现在山门南部所保留的公元前5世纪早期的台阶遗迹相平行，而且在大小和形状上与著名的迈锡尼狮门(Mycenaean lion gate)相似。它应宽3m，开在6m厚的城墙上(图3)。按照埃特尔雅格的复原，现在胜利女神殿所在的堡台就位于旧入口的对面，它像是一堵照壁，阻挡了直视卫城内部的视线。同样按照埃特尔雅格的复原，卫城城墙在旧山门的南北两侧向西延伸，将山门与堡台之间的空间围合成一个庭院。这个空间因此也在三面得到防卫。通向卫城的道路在庭院的西北角与它相接，并需向东北方向弯折才能进入卫城。不难看出，迈锡尼时代的雅典卫城山门空间是以防御性作为其规划设计的目标的。

由于史料的缺乏，我们不得而知从公元前12世纪到公元前8世纪这段希腊历史的"荷马时代"雅典卫城建筑群的详细情况。目前考古学家们根据《荷马史诗》的记载和考古发掘所获得的零散材料判定，在这一时期，希腊人开始在卫城上兴建了雅典娜神殿，地点就在原迈锡尼王朝的宫殿基址上。它的建造表明，雅典卫城的功能已经发生了转变，原来的王宫禁地变成为供奉神祇的圣地和公众献祀的场所。现在位于帕提农神殿和伊瑞克提翁殿之间仅存基址的旧雅

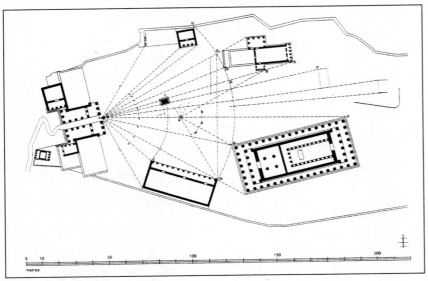

图2 道克赛阿迪斯对雅典卫城
建筑群规划原理的分析图
资料来源：C.A.Doxiadis:
Architectural Space in Ancient
Greece,The MIT Press,
Cambridge,1972,P.37

图3a 雅典卫城山门平面图及
其周围残存的部分建筑遗迹。
这些遗迹是考古学家们研究卫
城山门历史演变的依据。
资料来源：Harrison Eiteljorg,
Ⅱ: The Entrance to the
Athenian Acropolis Before
Mnesicles,Kendall/Hunt
Publishing Company, Dubuque,
1995, P.109

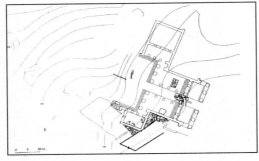

图3b 埃特尔雅格所做迈锡尼
时代雅典卫城山门的复原图
资料来源：Harrison Eiteljorg,
Ⅱ: The Entrance to the
Athenian Acropolis Before
Mnesicles,Kendall/Hunt
Publishing Company, Dubuque,
1995, P.14

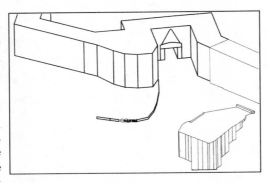

卫城的雅典娜神殿，为木制的女神像更换精心织就的外衣(Peplos)。他们还要在神殿东端的祭坛处献上百牛牺牲，并由获胜的火炬手点燃祭牲的大火。献给雅典娜的新外衣要悬挂在一条大船的桅杆上，由游行的队伍护送，沿着节日特定的路线送抵卫城。

卫城从宫殿到神殿的转变导致了人们对建筑空间使用方式的改变。与此相一致的是卫城山门前空间形态所出现的一些变化。首先是通往卫城的道路被拓宽了。在现在卫城山门前的道路正中还保留着一条公元前6世纪中叶的道路护沿。它表明当时通往卫城的道路已宽达10m，显然有利于游行队伍经过通行。从此雅典卫城山门空间的防御性让位给了便捷性。

卫城山门前空间的另一个大的变化是迈锡尼堡台上出现了祭坛。在20世纪20至30年代对胜利女神殿的重修过程中，考古学家在它的基础下面发现了四处祭坛遗址。根据其中出土的材料，如陶制俑人的石刻，考古学家判断，最早的祭坛建于公元前7世纪，与早期旧雅典娜神殿的建造时间非常接近；另外几个祭坛分别建于公元前566年，也就是泛雅典娜大祭节开始的那一年，以及公元前490至480年的两次希波战争之间。如果公元前6世纪以前的雅典卫城山门真如埃特尔雅格所认为的那样，是平行于现状西南角的一处公元前5世纪的台阶残迹的话，那么这时卫城山门空间最令人注意的现象就是旧山门正对堡台和堡台上面的祭坛，并与最早的祭坛形成近乎轴线相对的关系(图4、5)。这样我们不仅有理由认为堡台上的祭祀活动是整个泛雅典娜大祭节全过程中的一个重要组成部分，而且有理由相信，卫城山门、山门前的广场，以及堡台曾经是这个祭祀活动的一个空间整体。由于迈锡尼堡台是卫城西坡上高出山体6～7米的一座高台，在它上面所举行的祭祀仪式因此很难被上山的坡道上除山门前广场以外的任何其他位置所看到。换言之，也就是只有山门前的广场才是公众可以观看到祭祀活动的最佳位置。这个广场大约有450平方米，可以容纳1800至2700人。在这里，聚集的人群可以从最近的距离清楚地看到与他们的立足点高度相近的堡台上所进行的祭祀活动。由此可见，此时卫城山门前的广场

典娜神殿建于公元前529至520年，它取代了另一座建于公元前7世纪末或6世纪初的更早的神殿。根据现存的实物材料可以知道，旧雅典娜神殿东侧山花(Pediment)上的雕刻所表现的主题是众神与巨人的战斗[⑤]，这一主题与学者们所认为的早期雅典娜祭祀所纪念的是她在与巨人的战斗中所取得的胜利这一看法[⑥]相一致。

古希腊人对于雅典娜的崇拜在公元前566年达到顶峰。从这一年开始，全希腊每四年都要举行一次盛大的国家庆典：泛雅典娜大祭节(Great Panathenaia)。这个节日是希腊的文化和体育盛会。从雅典城邦各地赶来的各阶层人士举行的大游行把节日推向高潮。游行群众行进到

不仅仅是一个来往上下的通道，它本身也具有了重要的宗教功能。它服务于聚集的人群，为他们参与堡台上的祭祀活动提供了可能。在这个广场上，山门的入口位置最高。又由于早期的祭坛就设在它正前方的堡台上，所以从这里观看祭祀的视角也最正。

事实上，在此后对卫城山门广场的历次修复和整修都是以公众的集合而不是以军事的防御作为最主要的功能来考虑的。在公元前490年的马拉松战役中，雅典人联合普拉提亚人（Plataea）大败波斯侵略军。为了庆祝这一胜利，并表达对保护神雅典娜的感激以及对阵亡将士的纪念，雅典人开始在卫城的南部修建帕提农神殿和卫城入口处的新山门。埃特尔雅格在对现存山门周围的遗迹进行发掘和分析后认为，这一时期的卫城山门经历了如下整修：一、沿堡台东部的迈锡尼时代的城墙脚下开凿并建造了台阶形的长条座台；二、将修帕提农神殿时从其他旧的神殿上拆下的排挡间饰（metope）镶置在广场周边的墙上作为护壁；三、在广场紧靠山门台阶的墙角处放置了一个三足型器物的基座；四、建造了山门前的台阶；五、在广场通向胜利女神祭台处修造了一个入口⑦（图6）。很显然，这些整修都有利于人们在这一广场的逗留。

可是，新的工程还没有完工，在公元前480年，波斯人又发动了对希腊的再次入侵。这次他们攻陷了雅典，并对卫城这一雅典保护神的圣地进行了彻底的破坏，摧毁了旧有的雅典娜神殿和在建的帕提农神殿。但希腊人并没有被波斯人的嚣张气焰所吓倒。他们把战场移到了海上。同年秋天，希腊海军在萨拉米斯（Salamis）海湾大败波斯国王泽尔士一世（Xerxes I）统率的庞大舰队，从而扭转了战争的局面。萨拉米斯岛从此成为希腊人胜利的一个象征。公元前479年，希腊人将波斯军队逐出了巴尔干半岛，又在此后的30年里历经多次战争，终于获得了最后的胜利。公元前449年，波斯人被迫签订了卡里阿斯（Kallias）和约，从此退出了爱琴海，并承认小亚细亚各希腊城邦的独立。

和约签订的第二年，也就是公元前448年，希腊人开始了对雅典卫城的重建。他们在先前尚未完工就被波斯人破

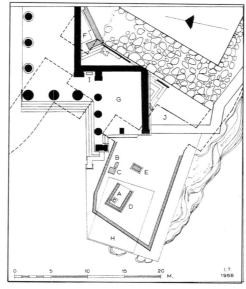

图4 考古学家在迈锡尼堡台上发掘出的几处祭坛遗址。其中A的年代推断为公元前7世纪，B的年代为公元前560年，E、D为公元前490至480年。图中H为现存的胜利女神殿。虚线部分是对于迈锡时代雅典卫城山门平面的一种推想
资料来源：同图1b P.150

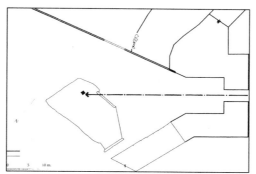

图5 根据埃特尔雅格所做的公元前560至489年的雅典卫城山门复原，结合考古学家在迈锡尼堡台上发现的一处公元前7世纪祭坛遗址，我们可以看出二者所具有的视觉关联
资料来源：同图1b P.150

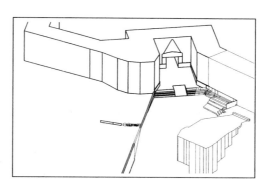

图6 埃特尔雅格根据现在雅典卫城山门周围残存的建筑遗迹所做的公元前489年至480年间山门空间形态的复原。
资料来源：Harrison Eiteljorg, II: The Entrance to the Athenian Acropolis Before Mnesicles, Kendall/Hunt Publishing Company, Dubuque, 1995, P.140

坏的帕提农神殿的基址上重新建造了一座更宏伟、更壮观的新神殿。原来的神殿只有5开间宽、15开间长，新的神殿扩大为7开间宽、16开间长。神殿的东堂供奉着高达12m，用黄金和象牙装饰的雅典娜雕像；神殿的西堂陈列着希腊人在战争中所缴获的最令人自豪的战利品：泽尔士一世所坐的银足王座。神殿的建筑和雕刻由著名的建筑师依克提诺斯（Iktinos）和著名的雕刻家菲迪亚斯（Pheidias）主持。由他们设计建造的帕提农神殿庄严崇高，圣洁辉煌，是举世公认的希腊建筑的最高典范。

根据对卫城山门周围现存遗址的分析，埃特尔雅格认为，从公元前478到437

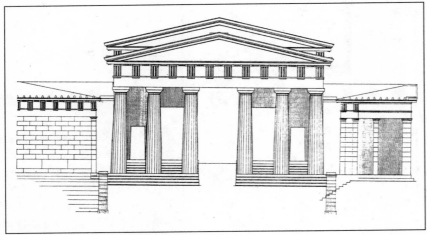

图7 米奈西克利斯所做的雅典卫城山门设计(公元前437年)
资料来源: 同图1b P.487

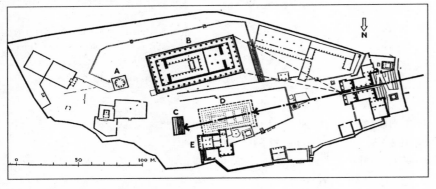

图8 普里兹奥西对于雅典卫城山门轴线及其西侧10米点视觉意义的分析图
资料来源: Donald Preziosi: Rethinking Art History, Meditations on a Coy Science, Yale University Press, New Haven, 1989, P.176

图9 沿雅典卫城山门轴线向东所能见到的建筑遗址: 被波斯人破坏的旧雅典娜神殿(D)和雅典娜祭坛(C)

年期间, 雅典人也曾经对被波斯人破坏的卫城山门进行过一些局部整修[8]; 但在卫城的中心建筑帕提农神殿主体工程完竣的公元前437年, 他们决定对卫城的山门进行一次彻底的重建。由于此时依克提诺斯又承担了另一项重要的设计任务, 卫城山门的设计建造改由建筑师米奈西克利斯(Mnesicles)负责[9]。米奈西克利斯不仅重新设计了山门的造型, 还重新设计了它的朝向和通向它的坡道。旧山门及其环境的防御性功能被新山门的

纪念性和便捷性完全取代(图7)。

新山门不仅仅只是通向卫城内部的一个入口, 它本身也是一座显著的建筑物。它由三部分组成: 正中部分是一座由六棵爱奥尼式立柱和三角形山花构成的五开间门殿, 正立面向西; 另外两座配殿在门殿的南北两侧并向西延伸, 将山门前的广场稍加围合。北侧的配殿较大, 是一个画廊, 也可以兼作到卫城朝圣的香客们的休息室[10]。它的立面上有三棵陶立克式立柱, 但值得注意的是柱廊的开间与柱廊后的墙面门窗洞口并不对位。南侧的配殿东接迈锡尼堡台, 仅为一座敞廊, 但它的立柱外表与北部画廊相对应, 使得山门具有对称的立面效果。三栋建筑由连贯的三级台阶相连, 它们将广场和建筑的地平分成上下两个层级。门殿的中部偏东又有四级台阶, 再将门殿分为上下两级, 门洞开在上级。门殿因而被分成西低东高的两个门廊, 东门廊进深稍窄, 不足6米, 西门廊较宽, 深近14米。两个门廊具有强烈的光影效果, 有助于加强山门在视觉上的重要性。同时, 它们又是观景的亭台, 使得人们可以站在门廊内向外眺望。由于西门廊比东门廊宽, 它可以容纳更多的观众, 因此它的重要性明显高于东廊, 也就是说向西——卫城外——的观看要比向东——卫城内——更重要。与此同时, 通向卫城的坡道也由10m拓宽到20m。原来的山路此时已成为一条通衢大道。

然而, 对于本研究来说, 米奈西克利斯设计的最重要之处还在于它的轴线方向。新的卫城山门不再朝向先前的迈锡尼堡台; 而是直对山路。这一朝向不仅更方便了人们的登临, 也使得山门的视觉效果更加突出。不仅如此, 这一设计还体现了一层更深刻的政治和宗教意义。美国著名的艺术史家多纳德·普里兹奥西(Donald Preziosi)曾经研究了卫城山门轴线西端10m点特殊的视觉效果, 他的讨论对于我们理解朝向的设计意图非常具有启发性。他说: "在这一点上可以看到两个非常令人诧异的现象, 一是画廊原本不对位的门窗与柱廊的关系在此变得合乎经典地对称, 山门内部的雅典娜立像也成为山门的中心对景。同时, 另一个景象出现了, 这次是指向西方。在入口的相反方向, 萨拉米斯岛从卫城西边的山岜后显现出来, 这个岛就

是公元前480年希腊人通过海战战胜波斯人的战场。这一战役是希腊人保卫国土之战的转折点，它加速了波斯军队的溃退。雅典娜与雅典人在这次胜利中的联系由此产生。"（图8）普里兹奥西关于卫城山门西端10m点的讨论无疑可以用于解释米奈西克利斯对卫城山门朝向的变更所体现的意义，这就是卫城建筑群已不再被用来表达先前神话传说中雅典娜战胜巨人的主题。相反，它们与雅典人的政治现实联系起来，表现了他们在抗击波斯的战争中所取得的伟大胜利。

新的主题同样也表现在迈锡尼堡台上新建的胜利女神殿上。新殿建于公元前449年，大约比山门略晚几年，在20年代中期建成。它的排挡间饰雕刻着众神聚会的盛况以及希腊人对波斯人战斗的场面。

但是普里兹奥西忽视了一个规划细节，即就是雅典卫城内的雅典娜立像事实上并不在山门轴线的正前方，她略向北偏，人们的视线因而被引向她身后的两处废墟：旧的雅典娜神殿和神殿东端的雅典娜祭坛。要理解这一设计的意图，我们必须了解希卫城的建筑群在波斯人入侵时遭到了彻底的破坏。为了牢记这一耻辱，公元前479年，希腊人曾经在普拉提亚(Plataia)战场上发誓："我将不再重建被野蛮人焚毁和破坏的神殿，但我将把它们保留下去，让后人永远记住野蛮人对于神明的亵渎。"现在，在人们进入卫城的山门时，首先映入他们眼帘的就是这片被"野蛮人"破坏的神殿废墟。它不仅使人们联想到"野蛮人"的凶残，也使人回忆起卫城沦陷时的悲痛。而废墟南侧新建的帕提农神殿又唤起了人们对于雅典娜这位城市的保护神的敬仰和对于城邦的重新崛起的自豪。当废墟加入到了胜利的主题后，它表达出了一种极为深沉的历史记忆，同时也烘托了胜利的来之不易(图9、10)。

结语

在雅典卫城的历史发展过程中，山门的建筑形态和建筑空间的意义也经历了几次大的转变。在迈锡尼时代，山门是卫城的入口，它与西南侧的堡台构成了一个相互联系的防御整体。为了提高防御性，山门轴线并不正对卫城内部的宫殿建筑，山门本身也被堡台所屏护。从荷马时代起，卫城从宫殿禁地转变为

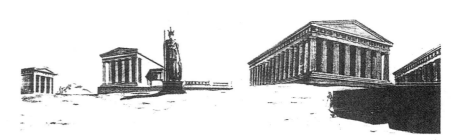

图10 道克赛阿迪斯所做公元前五世纪雅典卫城山门轴线东端视觉景象的复原图
资料来源：C.A.Doxiadis:Architectural Space in Ancient Greece,The MIT Press, Cambridge,1972,P.35

图11 沿雅典卫城山门轴线西望景象
资料来源：同图1b.P.489

祭祀城邦保护神雅典娜的圣地，并在公元前566年以后成为泛雅典娜大祭节的重要仪典场所。伴随着功能的转变，卫城山门前的空间形态也发生了相应的变化：山路拓宽，堡台上修建了祭台，门前的广场也得到了装修。这些变化说明，卫城山门前的建筑空间变成了一个宗教场所，它使人们可以聚集在此观看

堡台上的祭祀活动。由于公元前5世纪前的雅典卫城建筑群是长期的历史积累的结果，它们在整体构图上缺少统一的联系，因而不能用古典建筑的轴线原理进行分析，只有堡台上的祭坛与埃特尔雅格所复原的早期卫城山门呈现出局部的轴线对应关系。米奈西克利斯对卫城山门朝向的调整是对整个卫城建筑群构图的集中整合，从而使它获得了统一的主题。这一主题不再是神话传说中雅典娜对巨人的胜利，而是现实中雅典人对于波斯人的胜利。山门的轴线向东指向被波斯人破坏的旧雅典娜神殿和祭坛，向西指向希腊人胜利的转折点——萨拉米斯海战的战场萨拉米斯岛。在新建筑的规划和设计中，轴线构图所呈现的视觉效果被赋予了深刻的政治和宗教意义，它象征着雅典人对于卫城的曾经沦陷所怀有的苦痛，也象征着他们对于最终的胜利所怀有的自豪。轴线原则不仅在卫城的规划设计上起到了控制和统领构图的作用，而且，它还使卫城与更深的宗教政治文化以及更广的地域景观联系在一起(图11)。

1997年12月初稿
2000年6月定稿

附记

细心的读者可能会注意到，对于雅典卫城建筑历史演变的研究完全依赖于考古学家对于建筑遗址的细致调查以及对每一块建筑构件残块的位置和年代的周密考证和复原。可以说建筑考古是建筑历史研究的重要基础。即使这样，许多学者仍然对于19世纪卫城的考古发掘抱有遗憾，因为当时过急的清理工作消除了可能尚存的"荷马时代"的一些遗迹，使得后来对这一时期卫城建筑情形的研究十分困难，甚至没有可能。今天，中国的建筑考古和文物建筑保护正逐渐受到重视。西方学者对于雅典卫城的考古调查和遗迹保护，以及这些工作为历史研究提供的可能性值得我们借鉴。

（本研究得到原芝加哥大学艺术史系教授Gloria Pinney老师的指导，特此感谢。）

注释：

①C.A.Doxiadis: Architectural Space in Ancient Greece,德文版，1937年，英文版Cam,bridge,1972

②Harrison Eiteljorg, II :The Entrance to the Athenian Acropolis before Mnesicles, Archaeological Institute of America, Monographs New Series, Number1, Boston,MA,1993,

③W・B.Dinsmoor,Jr.:The Propylaia to the Athenian Acropolis,Princeton,1980

④J.Travlos:Pictorial Dictionary of Ancient Athens,New York,1971,P.52)

⑤同④，P143

⑥Jenifer Neils:Goddess and Polis.the Panathenaic Festivalin AncientAthens, Princeton,1992,P135

⑦同②，P59～63

⑧同②，P67～76

⑨Rhys Carpenter: The Architects of the Parthenon, Harmondsworth, 1970, P.136

⑩同⑨，P482

⑪Donald Preziosi: Rethinking Art History, Meditations on a Coy Science, New Heaven, 1989,P175

⑫R.E.Wycherley: The Stones of Athens, Princeton, 1978,P106

赖德霖，清华大学建筑学博士

中国文化的园林表述

沈福煦

前论

园林由人所作，再现自然，但更是再现文化。园林与名胜不同，它范围清楚，归属明确，人工所为，因此园林所表述的，正是人的存在现实及其观念形态。中国园林所表述的，说到底还是中国文化。

研究园林有三类：一是出于游赏性的目的，以描述、品赏为主，雅俗共赏，娓娓道来，脍炙人口，能引发人们的游趣，也提高人们的情操。二是专事造园的，研究构园手法，如何总体布面局，如何置游赏路线，如何组景，乃至叠山理水、花木种植、建筑及其空间的设计手法等等。三是哲理性的，研究园林的源流，来龙去脉，园林形态的深层意蕴。本人说的，就是最后的一类。

园，繁体字为"園"，拆之则为"土、口、衣、囗"四个部分。汉字之语义，多是拼凑而成的，园林之义就是："土"，人工之物，屋宇廊轩之属；"口"，空的部分，池水和院子之属；"衣"，自然之物，指的是花木叠石之属，"囗"即是园外周的围墙。古代造字者把这些合起来，就是园林了，这本身就是中国文化的表述方法。

园，无论是造园者还是游园者，都是从品赏和享用出发的。人与自然的共存、共享、移情式的对话，是造园、游园的关键所在。但造园的种种手法及其品赏，多是从其表层语义出发的；它的深层语义则多是非意识的，或者说是社会文化的。因此，对园林哲理的研究，就不能只从手法本身或品赏现象，而应当从园林的形态与中国文化及其哲理联系起来，研究它们之间的内在同构性。这种研究，应当包括三个部分：一是人与自然的关系；二是社会现实和观念形态与园林的关系；三是诸艺术文化与园林形态的关系。这三个部分也正是文化的三个层面。中国古代的社会文化，有着十分丰厚的历史积淀，有着十分完整的观念形态系统。而中国古代的园林，同样也是那么的丰富多彩，璀璨夺目。人和社会，通过各种文化形态表现出来；不过文化本身却是看不见的、抽象的。中国园林，可以说最典型最完美地表述着中国文化。这是因为，园林有自然，而且是人造出来的自然，被人解释过的自然。园中的山石池水，园中之林木花草，园中之亭台楼阁，都应当看作

为人对自己存在的环境之理想表述，同时也表述着人存在的基本形态、人的观念形态，以及人的创造能力。这些总起来，正是文化的表述，也是人和社会的最完整的表述。通过中国园林来认识中国文化，必然意义匪浅。

自然哲学 无论是东方还是西方，哲学的一个主要任务，是对客观世界作真谛性的探秘与揭示，而园林的好处就在于它能把抽象的"真谛"以活生生的园林形象显现出来，并熏陶人，进入这种哲理的境界之中。园林，由于其本身的性质和特征的原因，所以它首先要表述的是自然。然而，园林由人所作，因此它并不只是对自然的再现，而更是表现人对自然的理解和人与自然的关系。中国古代对自然的认识和理解，以及人与自然如何相处，都在中国古代园林形态中表现出来了，因此它也就意蕴着中国古代的自然哲学。

什么是自然？从中国古代文化的观念来看，应当从人出发，而不是(也不可能)从纯客观的"自然"出发。这也就是东方的人本思想。所以，中国古代的园林，无论是时间和空间，山石池水，林木花草等等，都是从这一基本点出发，来理解和表述自然。

首先说时间和空间的问题。园林是空间性的，然而它也在表述着时间，表述着中国古代人对时间的理解。在中国哲学中，时间是难以捉摸的，永远重复的，"四时行焉，百物生焉"。(《论语·阳货篇》)。园林形态，春花秋月，夏木黄鹏，冬梅霜雪，都深层地表述着这种时间观。岁岁年年，园景如故。而若把时间放长，从历史来看，中国园林这千百年的历程，它的发展模式只是完善，不是变革。从先秦至今，只是在不断地重复着、完善着园林形态，直至明清，才到达顶峰，到达炉火纯青的境地。此时，古代的中国也就终结了。时间观，也能在园林形态及其发展特征中表现出来。

中国古代园林对空间的表述，要比对时间的表述丰富得多，当然也形象化得多。而且它总是在表层覆盖上一层华美的形象，而实质上是在表述中国古代的空间观。中国古代的空间理论包含三个方面：即内向性、方向性和虚实关系。这三个方面，园林都作了精辟的、形象化的阐述。

前面已说，"園"字的外壳就意味

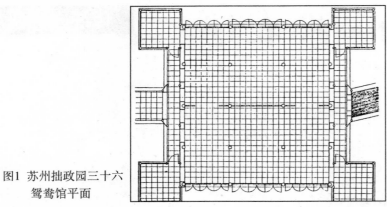

图1 苏州拙政园三十六
鸳鸯馆平面

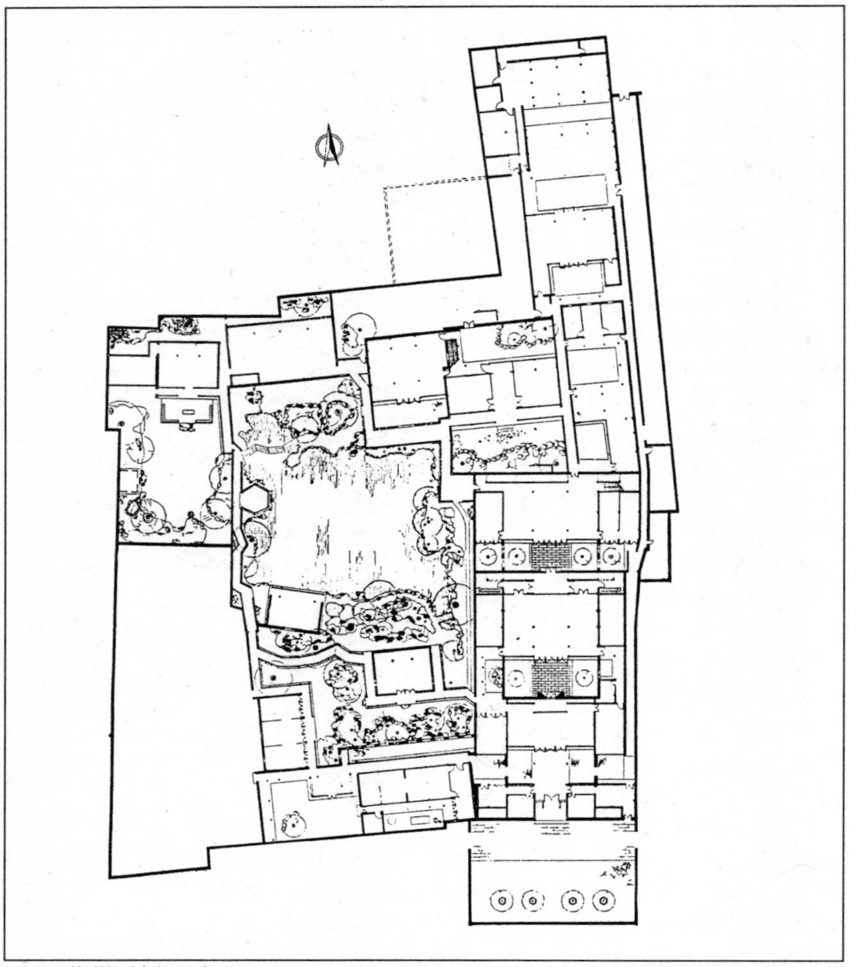

图2 苏州网师园平面

向的讲究，园中厅堂等主要建筑，多朝南而立。如苏州留园中的五峰仙馆，拙政园中的玉兰堂，无锡寄畅园中的秉礼堂、环翠楼，扬州何园中的四面厅，北京颐和园中的排云殿，上海豫园中的三穗堂等等，都是朝南的。朝南布局，最根本的是物质性的原因，冬暖夏凉；经过社会文化的转换，就免不了有精神色彩，如庄重典雅，又可"寿比南山"，以及许多"风水"的说法。亭、廊、斋、轩之类的小建筑，就比较自由了。园中的水榭一类，则多朝北而建，如苏州网师园的濯缨水阁、拙政园的三十六鸳鸯馆（图1），上海豫园中的仰山堂等等，这是因为在此临水观鱼，不会有太阳光的反射。

园林空间的虚实关系特别重视。这也是由于中国古代哲学对于虚实的讲究之故。虚为大，所谓"致虚极，守静笃。"（《老子》第十六章)虚乃是最高境界，这也是园林中所强调的。中国古代园林，往往是以水池为中心来构园的。如苏州的网师园（图2）、留园、狮子林、怡园，无锡的寄畅园，同里的退思园，北京的北海、颐和园及北京帽儿胡同的可园（图3）等等。园林建筑也特别强调虚实关系。一座南北向的建筑，多是南北二向是虚的，开门设窗；东西二向则是实的，砖墙，至多开些小窗洞。纵虚横实（图4），当然也是以虚为大。而且这也是中国传统文化的表述："东西"二字代表物，实的，东为木，西为金；"南北"二字代表气、流，南为火，北为水。这就是说，中国文化总是如此统一性，任何一个文化领域，都遵循着这样的现象和结构。

其次说山水。明人文震亨在《长物志》中说："园林水石，最不可无。"他认为，"石令人古，水令人远。"这就是说，园林中不能没有山水，园中的山石池水，为人与山水的感情而设。"一峰则太华千寻，一勺则江湖万里。"这是手法，用隐喻的手法意象出名山大川。可是我们更要研究的是它的原因。

中国的园林，始于山水，早在春秋战国时期，人们已对山水产生了感情。《庄子·知北游》中说："山与林，皋壤与，使我欣欣然而乐焉。"又说，"大林丘山之善于人也……。"（《庄子·外物篇》)这就更把山与人(自我)联系起来。到了魏晋南北朝，游山玩水之风越来越盛，晋代"永嘉之变"以后，更是大兴山水文学。《世说新语》中说："顾长康从会稽还，人问山川之美，顾云：千岩竞秀，万壑争流，草木蒙茏其上，若云兴霞蔚。"然而山水虽好，可惜的是能游不能居，所以又有了田园文

着中国园林的内向性。中国文化的内向性是众所周知的。文字的方块是内向的；建筑空间是内向的，无论宫廷、住宅、寺庙，都是以内向的院子为基本构成单元；城市也是内向的，凡县以上的城市，总是筑起高高的城墙；"国"即城，古代的诸侯国的形态也同样是内向的。这种例子不胜枚举。

中国古代的空间处理，对于方向是很重视的，而且各个方向均以很深奥的文化内涵标定。中国以南向为上，其次为东，再次为北和西。南以朱雀，东以青龙，北以玄武，西以白虎，这四种神化的动物，为四个方向的守护神保护着位于中间的人(自我)。园林布局也很有方

化，建造别业。"采菊东篱下，悠然见南山。"（陶渊明《饮酒诗》）"山中习静观朝槿，松下清斋折露葵。"（王维《积雨辋川庄作》）后来又渐渐地把山水田园意象化，在城市家宅中造园，置假山池水，再现自然。如此说来，园林中的山水，成了主要的寄情之物。但我们更要认识的是这种情态的深层关系。早在春秋时期，孔子就提出"知者乐水，仁者乐山。"（《论语·雍也篇》）老子也说："上善若水。"（《老子·第八章》）人对山水之情，其深层的原因，就在于它是人赖以生存的场所，情感之源。

在中国古代文化中，对山的态度只有生存性、可容性，而绝没有征服性，不同于西方的征服阿尔卑斯山那样。巍巍高山，养育之恩，可以比德，其情态自明。到了园林中，假山固然也可以攀登，但这不是主要的，重要的是在观，感受到巍巍高山、比德之情。

至于水，中国古代园林中的池水，追求的是静穆和明澈。这也出于哲理。庄子说"正则静，静则明，明则虚。"（《庄子·庚桑楚》）管子也说："修心静音，道乃可得。"（《管子·内业》）因此中国园林中的水，总是静而明。即使有动，也只是微波涟漪，没有汹涌波涛，更不做喷泉。水静，能见水底之物，能生岸上物体之倒影，惟独没有水自己，水不见了，虚掉了，所以"上善"。然而这些山水形态的深层涵义，不是造园者的直接目的，也不是游园者的意识性的出发点，而是文化，是其深层哲理。

最后说林木。中国人与林木的关系，是共存共享、移情式的关系。从而不同于西方的征服式处理，即把树剪成方的、圆的，把草皮推得平平的；而是以取其自然，顺其自然为准则。苏州拙政园里的许多林木，长的都自然得体，无异于山野自然中之林木。甚至皇家园林，如北京颐和园、北海、承德避暑山庄等，也是如此。

中国之园林，可以无花，但不能无木。中国文化之对于木，情有独钟。木，代表东方、青色、青龙，这些都归同一个"语义"这对于与人的关系来说，就意味着生命，"木欣欣以向荣"。孔子说"刚毅木讷近仁。"（《论语·子路篇》）中国文化把木象征为质朴、仁德之义，这也是木的深层意义。

园中的林木花草，除了以上这些深层内涵外，造园者还有意识地取许多林木的哲理性的移情涵义。这种园林语义，甚至"意义"胜过"形式"。如松柏，首先注意的是它们的意义：高尚、坚忍。"岁寒，然后知松柏之后凋也。"（《论语·子罕篇》）苏州狮子林有

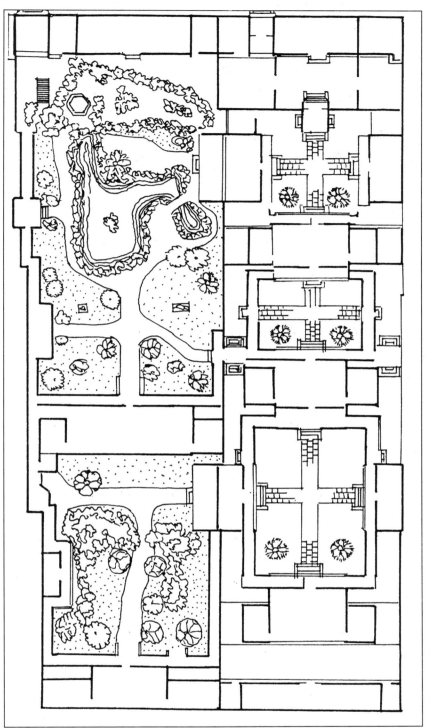

图3 北京可园平面

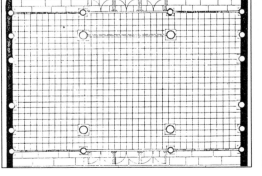

图4 扬州某宅厅堂

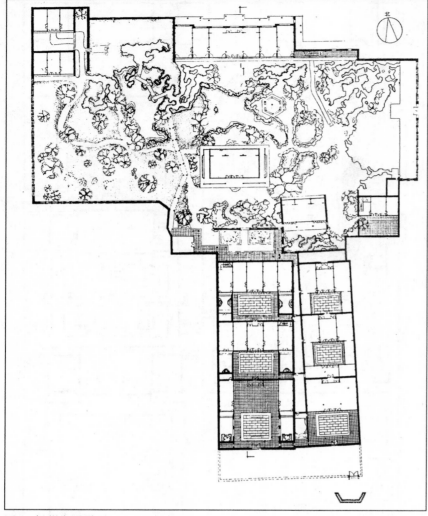

图5 扬州个园平面

一是竹枝空心，虚心好学的象征；二是竹有节，象征有节气，高风亮节；三是它姿态甚美，文人写它，画家画它，形式和涵义都很美。

"弄花一岁，看花十日。故韩箔映蔽，铃索护持，匪徒富贵容也。"（文震亨《长物志》）这又是一层意义了。

社会现实和观念形态　中国古代社会是一个伦理结构十分严密的社会，所谓"三纲五常"，讲仁义道德，人际关系结构十分完整。但中国古代又是一个世俗性很强的社会，因此宗教不仅由这个结构系统所产生，同时也为这个系统服务。这在古代的宫廷和居住建筑形态中明显地表现出来，甚至寺庙一类的宗教建筑，同样也遵循这种系统。正由于这个原因，所以中国古代的人与社会，都有完整的结构关系。从儒教来说，人则从属于社会（结构），甚至否定自我。人甚至可以不用自己的名字，只写父、母、兄、弟、姑、嫂、叔、伯等称谓就够了。但从道教来说，人却要努力完善自我，甚至想长生不老。佛教则融合了这两个极端，终于形成三教合流。这一切都说明，中国古代的宗教并不是那么的神威、集权，而只是为支承这个世俗社会服务的。这就是对中国古代的现实和观念形态的简单的系统描述。园林，作为一种重要的文化，不但出于这个系统，为这个系统服务，而且更是以园林的形象表述着这个系统。

《红楼梦》中的大观园，正是在宁荣二府严谨的伦理系统的家宅建筑边上的一个自由自在地布局的空间。这正是上面说的两个完全相反的系统作对立统一的园林（建筑）表述。中国的园林，无论是皇家苑囿、私家园林还是寺庙园林，都是这种布局。在私家园林中，多为东宅西园（或西宅东园），或者前宅后园。苏州网师园的总体布局，是最为典型的东宅西园布局；扬州个园的总体布局（图5），则是典型的前宅后园。其他如拙政园、留园、何园等等，亦都是如此格局，大同小异而已。有人说宫廷苑囿是向私家园林学习的。不论谁学谁，它们在总体布局上如出一辙，如北海及中南海，就是东宫西苑的关系；对故宫中的"后三殿"来说，则后面的御花园更是典型的前宅后园的关系了。这种宫廷苑囿的布局，还可以推溯到西汉，当时的未央宫（宫廷）与建章宫（苑囿）之间也是这种关系。

由于中国古代社会是世俗性的社会形态，所以文化的地域性相当突出。这种地域性当然也在园林中表现出来，江南水乡的园林，由于这里地理环境的原因，由于这里的经济和商业的原因，更由于这里的历史文化积淀的作用，所以

个建筑，取名"指柏轩"，轩前有古柏数株，虬枝盘结，老气横秋。轩内有匾额"揖风指柏轩"，取朱熹的"前揖庐山，一峰独秀"和高启的诗"笑指庭前柏"。可见其对柏的形象之情态。指柏轩之西还有一座庭院，叫"五古松园"，内有五棵松树，亭亭若盖，也同样是对松的情态之表述。梧桐也是"高尚之士"，据说凤凰择梧而栖，拙政园中有一座亭子，名叫"梧竹幽居"。樟树不但姿态甚美，而且意即家宅会发迹，所谓"前樟后栋"。宅前植樟，宅后植栋，大吉大利。康熙皇帝南巡至无锡游寄畅园，见园内一棵枝叶皆香的千年老樟，巨大无比，他爱不释手，回到北京后，还时时问起那棵老樟树是否还健在。……

最突出的是竹。文人爱竹，故园林里多植竹。扬州个园，此名出自园主人黄应泰，他别号"个园"。但这个字有半棵竹之意，也出于文人的谦词。晋代文人王子猷（既大书法家王羲之之子王徽之）十分爱竹。据《晋书·王徽之传》："……尝暂寄居空宅中，便令种竹。或问其故，徽之但啸咏指竹曰：'何可一日无此君？'"文人爱竹，其原因有三：

构成了中国古代文人园的最为典型的形态。扬州虽在长江以北，但由于文化上的连续性，所以在园林风格上也属江南园林一类。不过，它与苏州园林毕竟有所不同。上海的文化，在明清时期发展很快，上海的古代园林，与这里的社会文化特征密切地联系着，即以市井文化为主调。广东地处岭南，故园林的岭南派也相当明显。苏州园林有"甲江南"之说，它的原因除了经济，更是地域环境，地处水乡，所以它对"水"的表述可谓独一无二了。"一勺则江湖万里"（文震亨《长物篇》），这是手法了。而手法的来源，归根到底还在于它的整体的艺术文化素质。明代的苏州，书画中的吴门派很有艺术哲学的深度，也影响到园林。苏州一地，沿太湖之滨，可以说是山明水秀之地，园林则再现了这种美景，但如何再现，则不能不靠艺术文化素质。江南一带，如果没有如此丰厚的艺术文化的历史积淀，便不可能有如此美的造园，如此美的山石池水构图，如此秀美的林木花卉，如此清雅而有书卷之气的亭斋轩廊、厅堂楼馆等建筑。

如上所说，扬州的园林，虽然也属江南园林一类，可是它却很有自己的特点。扬州一地多盐商，多徽商；扬州在历史上很有艺术文化，所谓"谁知竹西路，歌吹是扬州。"（唐杜牧诗句）但后来由于文人们都不满异族统治，并且又因商贾的介入，所以在艺术文化上产生了许多扭曲、变态。书画中有"扬州八怪"，园林中就有奇峰怪石，建筑中也多不拘一格。最典型的也许是何园，其中假山之奇特，建筑之加入许多西式的手法，似表现出对传统文化的玩世不恭之情趣。上海的园林，以豫园为最典型。这种"江南园林"，其特征可以用"满"字概括。园中建筑、山石、池水、林木等等，挤满一堂，所以它的景区不得不用围墙来分割，盖了那么多的楼堂斋馆、厅榭廊轩，好多景观甚至难以远赏其全貌。而且其中又有许多民间传说、尘世俗事。如万花楼与花神的传说，内园九龙池与太平天国八龙党，点春堂与"小刀会"，以及元代铁狮传奇等等，这些民俗性的文化，在豫园中甚多[①]。

江南园林，素以"小中见大"著称，留园、拙政园、网师园等等，总是从一个不甚起眼的小门入内，然后到达园中，豁然开朗，这就是所谓"含蓄"。然而广东岭南派，对这种趣味不甚注重。广东的几个名园，无论是番禺的余荫山房，佛山的梁园，顺德的清晖园，东莞的可园等，都显现出岭南园林的开朗大方的特点。由于这里地处南方海疆，北面又隔五岭山脉，所以与中原

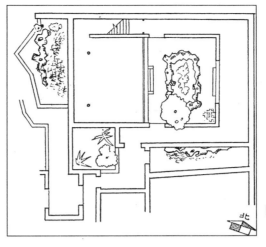

图6　苏州留园还我读书处平面

的交往倒不如与海外交往来得方便直接。所以不但在形式上具有外域特征，更是在风格上也多不从含蓄出发，而是显示性的，以丰富、多样为美，以复杂、兼容为上。这些园林特征，对于与地域文化的关系，不仅是表层的相近似，更是深层的、根本的、因果性的。但反过来说，园林也深层地表述着地域文化。

观念来自现实，但又把现实"人化"了，所以可贵，所以高层次。园林则把这个关系又转化成可以被感官接受的形态表述出来，把观念形态外化出来。即使一般的人不可能像哲学家、园林学家那样分析园林真谛，但人们能被园林潜移默化，进入这个系统之中，或曰"感化"。甚至他们也能去如此这般地"表述"（虽然说不出其哲理）。中国古代的观念形态，往往以世俗化宗教渗透于现实之中。释、道、儒，以及这三教合流，形成中国观念总系统、总结构。中国园林的思想性，正表述着这种结构系统。宋代最终完成三教合流，而园林却也在此时走向成熟。这并不是"不谋而合"，而是历史文化的深层作用：同步性。人说"以佛修心，以道养身，以儒治世。"这三教各有特征，相互补充，所以须"合流"才能整体地显现中国古代的观念形态，这种特征当然也在园林中得到了表述。

园林建筑虽不如宅第那样布局严谨、中轴线对称；但园林中也有堂正规则的建筑。这就是园中的厅堂一类的建筑。如苏州留园的五峰仙馆、无锡寄畅园的秉礼堂等等，他们能使园林与宅第得到精神上的联续，形成一统。儒教的人生哲学是读书做官，书中自有黄金屋。这种观念也在园林中表述着。几乎所有的私家大型园林中都有书斋一类的建筑，是否真的有人去读书是另一会事，它至少象征地显示着这种观念形态。苏州网师园中的殿春簃是一处书斋，它处于园中最深处，让人静悄悄地苦读。拙

政园有海棠春坞，留园有还我读书处（图6）。更有深意的是狮子林中的书斋，立雪堂，这个名字还有个典故，即"程门立雪"，说的是宋代的一位读书人杨时，他十分崇拜"二程"（即程颢、程颐），一次他前往程颐邸去求见，程氏正睡着，他就在门外等候，此时天正下着大雪，他却一动不动站在雪地上，等程颐醒来，地上之雪已齐膝了。此书斋取名"立雪"，显然欲效斯志。儒教宣扬为人方直，要时时省察自己的言行，曰"退思"。江南同里有个退思园，这是取《左传·宣公十二年》中的"林父事君也，进思尽忠，退思补过"。

道教主张避世，在山林中炼丹求仙，希望长生。这种观念在诸多园名中便能体现。扬州的寄啸山庄(即何园)，为士大夫以寄托超世之情，有"倚南窗以寄傲"之意。拙政园是取晋代潘岳《闲居赋》中的"庶浮云之志，筑室种林，逍遥自得，池沼足以渔钓，春税足以代耕，……此亦拙者之为政也。"网师园，苏州人称渔翁为网师，故有"渔隐"之意。无锡寄畅园，出自王羲之《兰亭序》中"一觞一咏，亦足以畅序幽情……因寄所托，放浪形骸之外"。

道教清虚，这也是中国主要的哲学思想。前面已说，园以水池为中心，以虚为上。西方园林也有水池，但多为规则形的，人工之"器"。而且西方园林的水池中央，多设"实"的雕像，还有喷泉，仍以"实"为中心，以动为上。这是十分重要的东西方文化之区别。道教向往人能成"真人"、"至人"、"神人"，他们清心寡欲，"不食五谷，吸风饮露……"所以园中之物，多与物质生活无关。园内种植，少有甚至没有果树及其他经济作物，不同于法国凡尔赛宫，有大片的桔子树，硕果累累。当然，也会有些药用植物，而这正

图7　苏州拙政园海棠春坞

与道教的以药为乐、身体康健、长生不老一致。

拙政园的中部与西部之间一墙相隔，两边设廊，中有一圆洞门，门上题"别有洞天"四字；狮子林中有个圆洞门，上书"得其环中"，这都是典型的道教思想。后者之语出自《庄子》："得其环中，以应无穷"。

中国的园林，宫廷苑囿、民间花园、士大夫文人园，有大同小异的格局，其实三者都有些道教思想，郭象的《逍遥游注》中说，"圣人虽在庙堂之上，然其心无异于山林之中。"[②]这就是儒道两家的融合之处。

至于佛教，其实它是儒道两家的溶合物，以及弥补儒道两家合成后缺少的部分，因此佛教与园林事实上已在上面基本阐明了。至于佛教与园林的具体关系，还可以从寺庙园林来看。苏州的西园最为典型；另外，如天台山国清寺、安庆迎江寺、长沙开福寺、昆明华亭寺等等，都有放生池，寺周环境秀丽，如园林一般。有的园林，与佛教关系甚密，如苏州的狮子林，原为菩提正宗寺，园主人是天如禅师。因为佛陀讲经称"狮子吼"，其座叫"狮子座，故园名亦叫狮子林，直至今。园中假山如巨狮，其余散石立峰，多有形如小狮的，有一定的佛教气质。

总之，中国古代的观念形态，从整体来看正是中国园林形态的表层及深层的文化语义。

艺术文化　园林作为一种艺术文化，它的研究的方法，除了与其他艺术文化门类(如绘画、诗词等)比照、因借外，也正须从深层哲理中去分析。但中国古代艺术文化研究，一般总是不主动地去作深层哲理分析，多从表层的互相因借中启示。陆游的"功夫在诗外"则是典型之说了。园林的学问，更多的也在"园外"，在诗词歌赋和绘画书法之中。江南私家园林之价值，也在于它有这些艺术文化造诣。

园林的学问，首先是在题名上。《红楼梦》的大观园，题名甚有讲究，作者用了不少笔墨来描述它，这不只是作者对此有偏爱，而应当看作是小说的一种深度意义的铺写。第十七回中贾政、贾宝玉及众人到大观园，要为诸景题名，为诸建筑题额、楹联。当他们面对一块造型别致的巨石时，众人纷纷说"叠翠"、"锦嶂"、"赛香炉"、"小终南"等等，这些都是俗词，后来贾宝玉题"曲径通幽"，方觉高雅而又贴切。然后又题"有凤来仪"（潇湘馆）、"怡红快绿"（怡红院）、"蘅芷清芬"（蘅芜院）等等，这些题名都有艺术文化深度。

苏州园林的许多园名，如拙政园、

网师园等，已于前所述；而更多的是园中诸建筑之题名。园林建筑，从移情的艺术心态来说，多是借建筑拟人而与自然景物"对话"。所以这些建筑的题名，一要切题于建筑的性质特征（如亭、榭、厅、轩、楼、堂、廊、舫等），二要与周围的自然环境相结合，学问也就在此。当然，这就要求造园者对诗词书画娴熟。拙政园中有个留听阁，造园者在阁前设荷池，这分明是对李商隐的诗作表述，"秋阴不散霜飞晚，留得枯荷听雨声。"这或许还带有悲剧之美。园中还有个书斋：海棠春坞。园中植海棠，这也分明是苏轼诗《海棠》之意："东风袅袅泛崇光，香雾空蒙月转廊。只恐夜深花睡去，故烧高烛照红妆。"这种意境，好就好在题名、海棠、廊三者结合，所以耐人寻味(图7)。

苏州留园五峰仙馆边上有个小屋，叫汲古得绠处，一般人不懂此名何意。这里既取韩愈的"汲古得修绠"之诗句，又取刘向的《说苑》中所言："管仲曰，短绠不可以汲深井。"其意谓做学问要努力去寻找一条"长绳"，才能汲取深井之"水"。这里除了艺术的转借外，还有儒学上做学问的道理。

苏州网师园里的濯缨水阁，其中有一副对联，一般人也费解，说它是"怪联"："曾三颜四，禹寸陶分。"此联为清代画家郑板桥所作。"曾三"是春秋战国时的曾子之语："吾日三省吾身"；"颜四"是同时代的颜渊之语："非礼勿视，非礼勿听，非礼勿言，非礼勿动"；"禹寸"是指大禹之爱惜光阴，"重寸之阴"；"陶分"是指晋代的陶侃，他更惜时间，"当惜分阴"。这副对联不但有情趣，而且还有教育意义。

苏州狮子林有个燕誉堂，此名出自《诗经·小雅》："……式燕且誉，好尔无射。"式，发语词；燕，古通宴；誉，通豫，快活之意；射音yi，厌之意。全句意思是，在此举行宴会，使你没有厌时。所以这里本是园中之宴会厅。用"燕誉"比较含蓄，而且也显示其学识。据说乾隆皇帝游江南，确实在此举行过御宴。狮子林中还有个真趣亭，所题亭名多被后人作为趣谈，特别是导游对它最感兴趣。"真趣"二字是乾隆皇帝之手笔。相传乾隆皇帝游狮子林，觉得好奇，玩了半天，后来请他为亭子题名，他便随手取笔写了"真有趣"三字，在旁的末科状元黄熙看了觉得太俗，但又不好说，于是他宛转地对皇帝说这"有"字写得最好，能否将"有"字赐与他。皇帝复看三字，看出了名堂，于是便做顺水人情，所以此亭名曰"真趣"。但这也许是后来好事者所

为，其实"真趣"二字是宋代诗人王禹偁的诗句"忘机得真趣，怀古生远思。"估计乾隆皇帝可能取自此诗。

园林建筑之中，不论是题名还是对联，都给这里的景观增加美感或书卷气，这也许是中国古代文化之特征吧。扬州何园的船厅，厅外植梅，厅中有一副槛联："月作主人梅作客，花为四壁船为家"。此联此景，相互因借，珠联璧合，其味无穷。

广东番禺的余荫山房也有一副很有意思的槛联："余地三分红雨足，荫天一角绿云深。"文化层次较高。这就是园与诗的共同的艺术情趣吧。

北京的北海是明清两代的宫苑，湖岸有好多各自成景的建筑群，如画舫斋、濠濮涧、漪澜堂，以及盘岚精舍、环碧楼、一壶天地亭等等，这些题名都很有讲究，除了历史文化意义外，也具有艺术文化情趣。如"濠濮涧"，位于嶙峋山石之间，中有水池，建筑和庭院廊庑配置十分妥贴，自然得体。这"濠濮"二字，出自《世说新语》："梁简文帝入华林园，顾为左右曰，会心处不必在远，翳然林水，便自有濠濮间想也，觉鸟兽禽鱼，自来亲人。"这就是观鱼之处。

河北承德的避暑山庄，是清康熙皇帝亲自经营的。他有深厚的艺术文化根底，在此仿杭州的西湖十景题名，题了三十六景，如烟波致爽、水芳岩秀、曲水荷香、石矶观鱼等等。有了这些景名，才使这座大型皇家园林不但有华美的宫廷气，而且亦具有高雅的书卷气。这些景名，使它的艺术品位提高了不少。

杭州西湖孤山上的西泠印社，其实是一座开放性的园林，而且四周皆西湖美景，真可谓得天独厚。其中有座观乐

图8　苏州怡园入口一景

楼(今吴昌硕纪念馆)，一副楹联，不但概括了西湖美景，而且点出了西湖景观的实质："合内湖外湖，风景奇观都归一览；萃东浙西浙，人文秀气独有千秋。"

诗词题咏之美在于意，但书画之形也不能低估。苏州的留园、狮子林、网师园、怡园，上海松江的醉白池，扬州的何园、萃园等，如果没有墙上这些碑刻（书法之美），也许会觉得还少了些什么。而有的书法，还出于名人高手，则就更有价值。苏州拙政园之香洲中的"香洲"二字，出于明代大画家、书法家文征明之手。而园之西部的"拜文揖沈之斋"，这"文、沈"二字，就是"明四家"中的文征明、沈石田二人。以两位画家为斋馆之名，则与书画之关系已不言而喻了。

书画艺术根深于园林，不仅仅在于园林中有字有画，更是在于园林造型本身显现着画意。狮子林中的假山湖石，素有"假山王国"之称，这些石峰、假山，可谓玲珑俊秀，甚具画意，相传出于元代山水画家倪瓒之手。苏州环秀山庄中的假山，有"尺幅千里之势"，也很有画意。苏州怡园，一入园门便成一景（图8），如果将粉墙比作宣纸，墙前的花草单石则可比作花卉，这无疑是一幅写意花卉画。而怡园内多小景、短景，好似一个小幅册页花鸟画的展览会，那么入口的这幅大型"写意花卉"，则成了《序言》。

至于园林本身的艺术形态，如总体布局，组景的虚实、层次、对景、借景、框景、障景，以及诸如漏窗、空窗、廊、桥、栏杆、铺地之类，还有空间形态的处理等等，不少园林专家已有比较深刻而全面的分析研究，故不在此赘述。但在此必须提出的是，这些园林本身的艺术形态，还应当与文化联系起来，形式本身的美不可能完全独立，总是在文化情景中才显现出它的美。另外，形式的美，同样也应当重视其深层哲理的研究。

有人说，不懂画意，没有诗情，便不会造园。园林乃是诗画的艺术再现，这才成为园林艺术。这当然是理应如此。可是这种理论却仅仅是表层的。如果从艺术哲学的深度来看，不能不从中国古代文化的总体结构出发。中国古代文化的基本形态，可以说是空间和时间的二重内向。空间的内向，人们已经说得很多了，不再重述。时间的内向，也就是文化形态的逆向。中国古代文化是以先秦崇拜为基轴的。如"十三经"，原先只有"五经"，即诗、书、易、礼、春秋，后来分解、增加，一直扩大到"十三经"①，以后又有《十三经注疏》，越来越封裹。随着历史的推移，上古的东西越来越经典、高贵。"述而不作，信而好古。"（《论语·述尔篇》）一语道破了它的本质。《红楼梦》中贾宝玉也不得不在他父亲面前说"编新不如述旧，刻古终胜雕今。"（第十七回）他说的就是大观园题额写联。所以园林也同样，明清园林，在中国园林史上达到了炉火纯青的境界，而就其文化性质来说，则同样也是时空逆向的。明清园林，无论皇家的还是私家的，真可谓美不胜收，难以言表。但越是完美，越难变革，这就是中国园林(文化)的终结时期的一个实质性特征。

结语

"今古几楼台，风月一邱壑"②中国古代园林走过了几千年的路，自周文王建灵台到明清园林，历史上的许许多多园林，无论是现在尚存的还是已经消失但在文献中可得的，都是中国古代文化之瑰宝，她璀璨夺目，无比洵美。然而，中国园林毕竟是古代的，她已经终结了。今天我们还可以造这种古代形式的园林，甚至可以出口外销，可是毕竟不是今天的中国园林。我们所要做的，不只是重复古人的，而应当在此基础上有所创新。推陈出新，创造出今天中国的新园林(文化)。

园林，明代的计成在《园冶》中说，"虽由人作，宛自天开"，然而从园林文化深层次来说，它"虽似天开，但寄人意"。中国园林，表述着中国文化，也寄古代中国人之理想，皇家的、民俗的、文士的，都是如此。

园林作为一种文化，它的研究方式是多方面的，有历史考古的、设计方法的、园林哲理的等等。但文化的研究，其中心的问题还应当从人出发，这在以往的园林研究中关注不够。中国古代的园林与古代的社会文化有密切的关系，更与中国古代人（皇家的、民俗的、文士的）之需求及其情态有密切关系。日本园林本来是从中国学去的，可是随着历史的发展，日本人造园就从日本的社会文化、日本人的需求及其情态着眼，创造了与中国园林既属同种又有明显特征的园林。日本园林中的石，以敦实、简洁取胜，不同于中国园林中的石，以皱、瘦、透、漏为上。这正是日本人与中国人有不同的情态和审美观之所致。中国古代的人文科学，对于园林研究是如此之重要，甚至一草一木，一亭一轩，一池一石，都表现着人，人的个性和情态。苏州狮子林中有个疏影暗香楼，此名分明来自宋代文人林和靖的诗句："疏影横斜水清浅，暗香浮动月黄昏。"此也是中国人所追求的一种境界。

（下转第43页）

园林有声空间艺术

杨宏烈

园林空间应具有音乐性的美，四维的物质结构应为一组无声的韵律，而有声的园林空间更有微妙的听觉审美价值。本文拟就有声空间的物质建构、美学特征作一分析，并为新型园林有声空间美的探求略抒己见，以求正方家。

一、 园林空间的音乐性

古希腊的美学用严格的科学态度看待艺术空间序列和时间序列的相关性及各门类艺术的空构成的相似性。东方文化对此也有哲学的思辨：园林跟音乐既有区别又有某种"亲缘关系"。园林按重力、均衡、和谐来规划建造，音乐按"量的比例"与"和声规律"来吟唱，分别以动态的感观作用于人的思想，在某种成分上，音乐能获得园林的性格，园林能获得音乐的特征。

人们常说："建筑是凝固的音乐"。沿着北京宫城的中轴线作一剖面，各种类型的建筑，其大小、高矮、形制、疏密、色彩、虚实沿轴线变化，构成帝都威武雄伟的主旋律。东西两侧辅助线上的建筑构成了强有力的和弦。至于整个北京城的街巷网络则构成辽阔幽远的背景音。梁思成先生曾用竖直的乐谱线和音符刻画、描写过天宁寺塔的音乐性形象，那是一幅响彻天宇的乐章。

有人说"园林是生长着的音乐"。园林非轴线的布置，水际、植物、远山、云天等虚幻的边界，使人易失却物理几何时空，周游一圈却不知用了多少时间，不辨东西南北，忘记由何处进来，又该向何处去。虚幻非程式的时空竟是这样自由而无定格，似乎与音乐无缘。然而一系列游览空间正随着脚步的流动而流动，使园林的时间性质得以强调，表现出空间境界自由、节奏、舒展、音调起伏的音乐性。园林和音乐的时空序列既各具特色又交叉对应地相似。

中国园林历来就潜心追求境界的音乐性。表现自然神韵的一切，原本就有音乐的融谐。园林景致是造园家感受自然后，自然而神似的表现。它并不简单地摹拟自然、选择自然，而是源于自然又高于自然的再创造。它自然而然地体现山水草木的神韵，且深层地加以人格化，将自然界的园林物质性素材组成美好的乐章。比如，在园林的四维结构中运用建筑、山水、植物等要素的构造、空间、阴影、布局、造型等手法，体现出音乐性的对称、协调、比例、重复、变换、齐一、层递、交替、间隔、循环、回旋、联缀、展延、变奏等特征，从实质上造就了两者和谐的异质同构。园林的这种音乐精神是一种无声的形式旋律。如苏州留园"绿荫"，水光树影交叠，烟云穿插浮动，有如清音入耳；扬州片石山房假山叠石伟岸，藤蔓如瀑，有高山流水的韵致；扬州个园"水亭"，水色幽幽，叠石倒映，如箫咽鸣、如笛悠扬；上海豫园"小花墙"，湖石倚偎，小溪穿墙，落花流水，宛如吴月。这说明源于自然、高于自然的优秀园林原本就是一种表现自然神韵的视觉音乐。

另外，风景园林中确实还存在有声空间景象，或是大自然鬼斧神工造化的演绎，或是人工巧妙的安排组织，通过听觉途径给人以美的感染情趣与其充沛的空间结合而引起共鸣联想。如果说园林"无声空间"的音乐美是"耳非有闻"、"玩之有声"，那么"有声空间"的音乐美则为"物中有声"、"有声有色"了。

二、有声空间的物质建构

园林的物质构成要素主要是山、水、建筑和植物。园林有声空间的物质建构自然也离不开这些要素及其相伴而生的声学现象。按声源划分大致有如下数种。

1.建筑有声空间。北京天坛回音壁或圜丘均有一圆形围墙，在预定地点踩脚发音会得到1～3次回声。山西普救寺莺莺塔，游人在此击掌可获得四次回声。河南郏县有一蛤蟆砖塔，因不远处击石而生蛤蟆叫故名。四川潼南大佛寺大像阁有"七步音阶"，人踩上去会发出七种不同的声调。西湖孤山有个六角亭，亭中一呼回声多趣。西泠印社华严经塔，白石砌造，实心八面十一层，每层依次递减，颇有节奏感；檐角均悬铜铃，迎风成韵，极富音乐性。

2.山水有声空间。曲涧艺术形象最佳者为寄畅园"八音涧"。王稚登《寄畅园记》："泉由石隙泻沼中，声淙淙如琴瑟……"。水声或清或浊、或断或续，整个长长的曲涧，蜿蜒在与之相应的窈窕岩谷之中，并在一定程度上引起空谷的共鸣或回响，给人以"八音克谐"的音乐美感。

西湖烟霞三洞之一的水乐洞口，有山泉从缝中涌出，流量较大，和谐悦耳，玲琮成韵，如奏山乐。旁有"天然琴声"、"听天弦琴"等石刻，启发人们领略其泉重要的审美特征——音乐性的美。而九溪十八涧"丁丁咚咚泉，高高下下树"，声律绿韵，令人心醉。

狮子林有瀑布四叠，其声昼夜不息，筑一亭，额曰："飞瀑"，游斯园者如登海舶临怒涛。后主人又题榜曰"如闻涛声"，有深意存其间。至于庐山瀑布的轰鸣，更令人遐想壮观。而石钟山迷人的"石钟"交响曲，叫人神往"苏轼夜游"。

3.植物有声空间。翠竹摇风弄雨，滴沥空庭，打窗敲户，多姿多情。岭南清晖园有"竹苑"一景，其"风过有声留竹韵，月夜无处亦花香"一联，不但启迪了竹与风月相宜的视觉审美真趣，还揭示了萧萧秋声的听觉之美。

雨打芭蕉实为一曲雅乐。苏州拙政园听雨轩于院中池畔石丛间，植几本芭蕉，即为人们提供了一个别有风味的听雨艺术空间。该园有留听阁，因荷叶受雨面积大，水面传来阵阵清音，于阁内静听特别悦耳；尤其入秋的枯荷，雨过其"鼓点"之声更为清脆动人，故取唐李商隐"秋明不散霞飞晚，留得枯荷听雨声"诗意命名。

承德避暑山庄有"万壑松风"一景，长风过处，松涛澎湃，如笙镛叠奏，宫商齐鸣，又如千军万马，大显声威，壮人心胆。

4.动物有声空间。花圃中欣赏动物鸣叫历史久远。西周灵圃就有"白鸟翩翩"，"麀鹿濯濯"，"于牣鱼跃"的描写。陈扶摇《花镜》记："枝头好鸟，林下文禽，皆足以鼓吹名园，非取其羽丰美，即取其声音娇好。"园林花木馥郁繁茂，必招蜂蝶，引蝉栖鸟，飞鸣其间。由于不同的动物喜好歆不同的植物，即可形成特殊的有声空间。

颐和园听鹂馆是听黄莺鸣翠柳的好驻处。"间关莺语花底滑，幽咽泉流水下滩"是唱和杭州西湖"柳浪闻莺"的好乐章。

"鹤"是中国的吉祥鸟，鸣声清亮，传闻弥远。古老的《易经》就有"鹤鸣在阴，其事和和"之语。试想在风清月白之夜，"风"、"鹤"之音高、音色虽有不同，但合起来风声鹤鸣则谐和悦耳，岂非天籁二重奏。《园冶》云："紫气青霞鹤声送来枕上，白苹红蓼鸥盟同结矶边"乃美景也。故留园有鹤所，圆明园有"栖松鹤"，承德有"松鹤清樾"，寄畅园有"鹤步滩"等景点，《红楼梦》大观园里有"寒塘渡鹤影"的诗句。

5.大自然有声空间。天工开物，地造奇迹，经千百年的审美关照，积淀成悦耳怡神的风景园林有声空间。敦煌鸣沙山，下有月牙泉，泉边有寺庙多座。驼铃转过谷口，但见风来沙鸣上山移，整个沙山泉谷景声融合，气势不凡。某自然风景区，山林云雾之间有"呼风唤雨"桥，人在桥上发喊，因声振云层雾片而导致雨滴飘下。这一声学现象着实迷人。河北赞皇县嶂石岩回音崖为高100m、弧长300m、弧度250°的天然绝壁，壁前为具回声效果的景观空间。福建有一凹石坑，鞭炮炸后轰鸣良久。

6.人文有声空间。早期园林中常筑"台"，除"望氛祲、察灾祥"之外，还有游览歌舞的功能。吴王姑苏台（供西施歌舞）、楚灵王章华台（令"细腰"乐舞）等皆是。颐和园德和戏楼大院、豫园点春堂"凤舞鸾唱"打唱台、留园"东山丝竹"戏台，及许多园林中的花厅、水阁也常兼作顾曲之所，使用时是热闹的有声空间。

出于人文怡情舒怀性格，人文园林常有琴室，"乐琴书以销忧"。琴乃正宗雅乐"可以颐养神气，宣和情志，处穷独而不闷"（嵇康《琴赋》）。所以琴与士大夫身份、与文人山水园林合目的性的功能十分吻合。如皋水绘园有董小宛琴台，怡园有东坡琴室，中南海有韵古堂，圆明园有琴趣轩、琴清斋……

7.因借有声空间。拆诸听觉的"借声"也可构建园林的有声空间。园林旁寺而筑"梵音到耳"（《园冶》），每当黄昏人静之后，五更鸡唱之先，水韵松声亦时与断鼓零钟相答响（《杭州半山园》）。香山静宜园借"隔云钟"，玉泉山静明园借"云外钟声"，杭州西湖借"南屏晚钟"。宋代丛春园以借洛水之声而出名，苏州耦园借河上橹声有听橹楼。"渔歌唱晚"、"钱塘潮声"、"砍樵号子"都是古代园林常常因借的听觉审美对象。

三、有声空间的审美特征

在人类生活中，声音起很大作用。声音虽然看不见，却可使人感到某种物质的存在。频率为20～20000Hz的声波可振动耳膜，通过中耳，在内耳的耳蜗淋巴液内振动，使听觉神经引起兴奋而将信息传至大脑。人耳听到的声音世界中分有前后、左右、远近的空间广阔度。这种听觉空间与判断声源的距离有关，称为声的定位。声的定位准确度虽较视觉差，存在双耳差、前后差，但毕竟还是一种重要的审美途径。园林有声空间具有一系列听觉审美特征。

1.视听通感效果。视听通感又称艺术联觉，各官能在感受中互为挪移，互换官能的感受领域。如"以耳代目"、"听声类形"、"音乐色彩"等皆为在一种感觉影响下产生另一种感觉的审美通感。音响勾出画的听觉空间与园林实体表现的视觉空间在人的主观印象上沟通，生理感觉上视听同构，可加强审美对象在时间上和空间上的整体统一性。乔治·凯伯斯在《视觉语言》中说道：由物理声学可知，不同体状的物质振动能发生不同的声音，人们由某种特定的声音可直觉得到形体、质感、方位、层次等空间性质。于是流动与凝固、时间与空间、听觉与视觉就发生了本质联系。二胡名曲"空山鸟语"就是模仿鸟语的鸣奏刻画了山谷深邃而开阔的空间景象。

2.朦胧转化之美。声音能先入引导，蕴酿情绪，使游人渐入佳景。类似形象视觉，听觉也有一个"结晶"过程，需要大脑按一定的方式对听觉信号进行思维处理。从美学意义讲，人的大脑对自然事物及其现象所表现出来的各种形态性的"结晶"过程，就是使潜在的自然美转化为现实的自然美的过程。声音高于观念性，风声、雨声、林木摩擦之声给人以朦胧之感。人们可越出听觉意蕴中不明确的内心因素，达到物我同一的状态，体验"披上情感形式"的内心世界，把自然物中的粗野性和放荡不羁性清除掉，使之有"合拍合节"的美感。

3.生发活力闹趣。有声世界显然充满活力。鹅池亭、鹅池碑加上池中嬉戏的几只白鹅常构成一景。一派活泼的生趣，一场戏剧性的典故，尽在鸣禽曲胫高歌之中。这里的"闹趣"属"乐音悦人"，并非"噪声杀人"之类。

4.同时反衬作用。寂处闻音，动中见静，是一种反衬审美现象，西方心理学称"同时反衬"，中国古代美学称"反常合道"。拙政园雪香云蔚亭所悬额曰"山花野鸟之间"恰为环境所置。石柱上镌以文征明手书对联："蝉噪林逾静，鸟鸣山更幽"，颇能引导人们领略有声静谧境界的审美辩证法。

5.确证视觉的空间感。"当我们能在一片很大的空间里听到很远的声音时，那就是极静的境界。我们能占有的最大空间以我们的听觉范围为极限……一片阒无声息的空间反而使我们感到不具体、不真实……"（巴拉兹：《电影美学》，中国电影出版社1958年）。听觉的声音感和视觉的空间感在人的审美心理结构中有其相关性和互补性，故声音能帮助人们确证视觉的空间感，产生一种感知心理上的同时正衬现象。《枫桥夜泊》"月落乌啼"、"夜半钟声"确证："姑苏城外"、"江枫渔火"的幽远辽阔。

6.审美联想作用。音乐联想的势力较大，可加强园林的审美活动。钟子期从俞伯牙琴声中联想到："哦哦兮若泰山，洋洋兮若江河"。李颀在胡笳声中听出"空山百鸟散还合，万里浮云阴且晴"。白居易听琵琶，苏东坡听洞箫，均联想出丰富的画图和景象。

7.调动主体情思。黑格尔曾说，声音是随生随灭的外在现象，"耳朵一听到就消失了"。当它引发人们动情，勾起种种思绪，其"所产生的印象就马上刻在心上了，声音的余韵在灵魂深处荡漾"。在园林中，"虫声有足引心"（刘勰《文心雕龙·物色》）的效果。"蝉在高柳，其声虽甚细，而使人闻之有刻骨幽思"（恽格《瓯香馆跋》）。南京半山园"何物最关情？黄鹂三两声"（王安石《菩萨蛮》）。杜丽娘游园惊梦，燕语莺歌使之伤春不已。如此等等皆有声空间的动情效果。

四、有声空间美的创造

现代某些公园中有声工程项目名相繁多。如音乐坛、剧场、卡拉OK室、运动场、马戏场、溜冰场、儿童游乐场、游泳池、餐馆酒楼、商店、小卖部比比皆是，还有穿越其间的各种又叫又闹的机动车辆。游客在车辆人群中摩肩接踵地"赶路"、流汗、逃避、烦躁不安地寻找停歇之地，很不是滋味！以往那种充满自然幽雅情趣的有声空间景观（归根结蒂还是幽静祥和的园林空间）在哪里呢？

要创造园林有声空间的美，首先必须树立正确的造园指导思想。园林是相对闹市空间而求取生态平衡的一颗重要砝码，不应商业化、马路化、文娱体育化、闹市化、硬质广场化；其次是坚持规划的艺术的完美性，最后是经营管理科学性。以下几点属方法论问题。

1.保护和造就大片水面和山林。无论是城市、园林、风景区都应大力保护和营造水面与山林。让更多的人参与大自然的审美活动，从主观上、客观上与自然亲近，与自然共呼吸共命运。这是人文主义的精髓。要充分发挥治山理水、培花植木的传统艺术，让河湖、池沼、溪涧、泉、潭、瀑生发出生命的强音，让峰、峦、岭、岫、崖、岩、坡、垅、阜、洞、谷、壑等都成美的景点及文化、文明的标志；坚持植物造景为主，让枫林奏出交响曲，荷叶被敲响鼓点，竹林筛下细语，柳丝倾吐音符……。绿化世界的青春之歌永远不会衰老。

2．用配音解说形态空间。[美] 乔治·凯伯斯在《视觉语言》中还讲道："从理论上考虑，凡音乐都包括一系列音调，它比任何其他艺术创作更近乎像图画或建筑图。差别是一张图中的线条是看得见的和不变的，而在音乐中，它们是听到的运动着的。分开的音调犹似画线时通过的点，连续不断的一系列音调描写运动，弧线和角度、起伏、平衡……与一幅画或一张图所转达的线性印象直接相似。"园林中，对不同的空间景观配相应的音乐，用以刻画、描写景观空间的特征，加深游赏者的印象应有好的效果。电影电视等声像艺术中常有类似手法，使空间效果非常生动，有时惊心动魄。

3．采用历史文化背景音乐衬托景物。深圳"世界之窗"，荟萃世界名胜130多处，每处都有背景音乐配以深沉的解说词，参观者被音乐引导在遍布"六大洲，上下几千年"的时空长河中倘佯、被感染、被熏陶。每个景点都有一个元主题及其元主题音乐，共同构成了一个有历史文化地域特色的意境。主题音乐同时也起到融解、掩盖其他声音对观赏思绪干扰的作用。如果配植大量景点原属国家的地方性植物，用以隔声、隔景，漏声、漏景，将更加充实和丰富园林文化的空间内涵。

4．名胜古迹遗址的声光运用。真正的历史遗址在条件许可情况下，可借助音响和光影作用，摸拟古代的风貌意蕴感染旅游者。如埃及建筑师和艺术家们在电脑工程师的协助下，在卢克索的卡尔纳克神庙和吉萨金字塔遗址，夜幕下运用电脑技术创造出跨越时空的声响光影——一派古埃及的环境氛围，使人身临其境。

5．民族歌舞配套民族风格的景观。"充塞于一个民族空间的某种明确的思想和精神旨趣，……可以通过音乐暂时提升成为一种活跃的情感，于是乐调就把专心倾听的主体卷着走"（黑格尔：《美学》第三卷第353页）。深圳民族文化村集我国50多个民族优秀传统民居之大成，配上相应民族的声乐和舞蹈，游客不知不觉被拉入欢乐的音乐节拍之中，共同翩跹起舞欢歌，好一首民族圆舞曲，唱彻月儿圆。

6．善于发现、设计有声的景点景物。陈从周教授曾强调：园林工作者会赏园就会品园，会品园就会造园。中南海一亭立于水中，始成曰"流杯亭"，亭内流水九曲取兰亭典故。康熙看到水流状态很美更改题名为"曲涧浮花"。后来发现流水之美不但以其流态——"曲涧浮花"诉诸人们的视觉，而且以其潺潺的乐音诉诸人们的听觉。最后乾隆题匾——"流水音"。这种不绝于耳的声音似乎更能给人以美的享受。

7．巧借自然气象因素构筑有声景观。扬州个园"冬山"叠筑于南墙背阴处，雪石上的白色晶粒看上去仿佛积雪未消。墙上开一系列小圆孔，每当微风掠过则发出类似冬季北风呼啸之声，从声色两方面非常成功地渲染出隆冬的意境。

8．善于对有声空间作园林艺术处理。白居易、王维的别墅园中有"竹里馆"。诗咏"独坐幽篁里，弹琴复长啸；深林人不知，明月来相照"。植物的隔声、漏声作用，使音乐效果更为佳妙，显示出琴啸与园林"清、幽、雅、洁、古、淡、静、逸"的同构特征。《红楼梦》中贾母倒是赏乐赏景高手，第76回写凸碧堂品笛，贾母一干人一边吃月饼喝暖酒，一边欣赏中秋月色和从远处桂花荫里飘来的笛子独奏。"可知当日盖这园子时就有学问"（史湘云语）。

9．提高发声器材设施艺术造型与布置艺术水平。发声器材应与园林谐调造型布置，可做成"石灯笼"、"指路碑"等园林小品；可藏匿在林木花草之间，甚或埋在石罅水下、景观建筑及洞窟深处。让声的响度、频率、声质、音色在心理意境、空间氛围、层次结构的渲染中发挥大作用。声的共鸣、折射、反射、吸收、发散、衍射、干涉、聚焦等声学原理可充分应用于景观设计中。

参考文献

1.金学智.中国园林美学.江苏文艺出版社，1993年
2.陆建初.智巧与美的形观.学林出版社，1991
3.〈日〉相马一郎等.环境心理学.中国建筑工业出版社，1988
4.彭一刚.中国古典园林分析.中国建筑工业出版社，1986

杨宏烈，广州华南建设学院教授

菊儿胡同的困惑

——由"合院"的使用评估调查引出的思考

董 华

旧城的改造与更新是我们今天面临的一个重要课题。传统的城市布局如何适应变化的生活方式，更新的城市面貌如何符合原有的城市肌理，对于建筑师，将是一个值得长期思考解决的问题。它不仅需要建筑师深刻了解城市原有生活的特点，建筑形式的渊源，而且需要他们不断研究现代生活的变化，居住行为与居住环境的相互影响，并要在实践中不断地发现问题、解决问题。因为旧城的改造事实上是一项长期的工作，决不是以建筑的改造完成就算结束的。

合院建筑在中国建筑形态史上占有重要地位。"中国建筑的构成特点，简言之，是以大小不同的合院建筑群，相互叠构，形成庞大的建筑群体系。"[①]合院建筑在中国形成最早、普及面最广，中国传统住宅类型多以合院为基础。"四合院内部分配灵活，一家可住，几家也可住。乃至将住宅改作其他用途亦可……这种灵活性乃是四合院后期被广泛使用的主要原因之一。"[②]传统的四合院，"从布局上模拟人们牵儿携女的家庭序列"，由于时代变化，已失去了它原来的意义，但"合院"的建筑形式，却仍然具有活力。特别是当今众多高层住宅，超出了人们的尺度，影响了人际的交往，割断了文化的脉络，更促使人们研究中国传统住宅建筑中的场所精神，努力创造具有中国情趣的居住环境。

北京菊儿胡同的整建便是这样一种探索。它体现了旧城整治中"有机更新"的思想，其"新四合院"的住宅体系，使新建筑服从于历史城市的肌理，被公认为旧城更新实践的成功典范。

设计者在合院建筑设计中把"创造美好的院落空间"作为关键，立足"环境文化的追求"，不仅从尺度把握、空间创造等方面进行了深入研究，而且仔细考虑了附属建筑和树木保留，从而创造了"新四合院"的院落空间，得到了居民的普遍认同和喜爱。从笔者近日进行的"关于菊儿胡同整建后'合院'的使用评估"调查结果来看，大部分居民对整建后的居住环境基本感到满意（接受调查者15人，"很满意"的有6人，"一般满意"的为8人，"不满意的"为1人，"很不满意"的为0），"满意的方面"，有8人选择了"居住环境良好"，7人选择了"独具特色"。就"新四合院"中保留"合院"的作用，有9人认为它保持了老北京民居的传统特色，绝大部分(11人)认为菊儿胡同在整建中保留"合院"是非常必要的。由此可见，"新四合院"的空间创造和对传统的继承得到了居民的认可。尽管有一部分居民对"合院"的作用充分发挥尚有保留意见，但对这种形式却进行了肯定。有一位居民在接受调查时认为"合院空间"有许多方面尚待改善，但作出的结论是："不管怎么说，'四合院'比'大塔楼'要好。"看来，"合院"在北京居民心中仍然有其特殊的意义，作为中国传统的住宅类型，"四合院"对人们的影响是根深蒂固的。在吴良镛先生主持的菊儿胡同改建一期工程住户的回访调查中[③]，绝大部分的居民对"楼房四合院"的样式给予了认同，认为其有居住气氛，表示喜欢；大部分居民在"进入楼房四合院"时产生"到家了"的感觉。这些都表明"合院"形式因其传统而造就了居民心理的认同感。在其他方面，"合院"也因其特殊的形式，具有一些特殊的作用。例如在管理上，相对封闭的形式可以间接地维护住户居室的安全；在邻里关系方面，亦有效地避免了许多纠纷。

设计师的想法与使用者的需求完美契合是产生精品的前提，但完全做到这一点是比较困难的。如果说以上方面是"合院空间"在创作上设计者意图与居住者使用契合良好的方面（也是设计比较成功的因素），那么，还有一些其他方面则显示出，设计者的初衷与使用者的评价有一定的出入。菊儿胡同的设计者在设计过程中不可谓不费匠心：甚至考虑到为各户门前"私家小院"栽种葡萄，使其长成后形成悦目景观；考虑到院中的地灯形式，以求得与周围环境的协调一致。但未料到住户会反映葡萄架遮光、院中灯柱影响儿童活动；而由一位住户津津乐道于自己亲手在院中栽种树木的事实又不禁给人以启发：设计中不求面面俱到，而是适当留有余地，或许能更好地满足用户的实际需要。清华大学的研究生王小工曾做过一个研究，指出："合院空间由于周围房屋的加层而破坏了人与周围建筑尺度的亲切感；新四合院中公共庭院空间与私密空间之间缺乏有效的过渡"。设计者原本希望通过合院空间为四周居民提供一块交往空间，创造私密性与邻里交往兼具的居住环境，但笔者根据随机调查收集的几项数据分析，"合院"在增进邻里交往方面的作用远不如设计者的期望。仅有11%的居民认为"合院"有利于邻里关系的形成和融洽；11%的人将"合院"视为"居民公共活动的中心"；而40%的人仅将"合院"作为"行走通道"，35%的人的结论是"很少有人在院中活动"。接受调查者中，有22%的人认为"合院"的形式使家庭私密性受到影响；28%的人指出"人们并不真正喜欢在公共的院子里活动"，22%的人感觉"合院"噪声较大。笔者了解到，通常只有小孩子们会到院子中玩耍，个别家庭也会在晚饭后到院中打打羽毛球。但合院空间（标准院落约深13m、宽15m）对于活动又嫌太窄小。一些老住户反映，新合院中，人际关系不及过去的平房，街坊来往少，故而邻里矛盾虽不多，交往也并不密切。不同的院落反映出的状况差异很大，一些邻里和睦，也有一些邻里陌生。可见，合院在增进住户了解、融洽邻里关系方面并不具有特别的优势。这与合院空间尺度的变化、住户构成的改变、人们生活习惯的演变等都有关系。目前有许多住宅小区设计中的"四菜一汤"（四周建筑、中央绿地）模式，绿地鲜有人进入，也是因为人们不想置身于众目睽睽之下而造成的。设计师在进行平面布局时，未能充分考虑到使用者的行为心理。"围合"的空间是否适合现代人的生活？从人们对"合院"形式的肯定我们至少可认为"四合院"是有活力的建筑。老舍先生曾对北京的胡同有过一段精辟的论述："最小的胡同里也有院子和树木，它能把城市的紧张、热闹和刺激缓解下来，在复杂中显出空隙来，在无边无际中显出界限来，在紧张之中显出几分潇洒和放松来。"现代生活的紧张与快节奏，更需要一个相对清静的空间来放松心情，"合院"具备这种功能的潜力是无庸质疑的。问题在于，如何使得"合院"的空间创造能真正吸引人们进入其中？笔者受小孩子们在院中嬉戏玩闹的启示，设想在合院中设置儿童游戏的设施，如爬梯、沙坑等，无需占太大空间，但可以吸引更多的孩子们到公共的院落中来活动，儿童因为"私密性"的要求不高，其活动限制很少；且通过孩子间的熟悉，家长们之间也多了一条联系的渠道，老人从观看中更是可以品味独有的乐趣。孩子的活动，将为院落增添生机。对于一个"增长型"的居住小区，为儿童做设计是必要的，也将是事半功倍的。

在历经多年使用之后，居住区出现了一些新现象，这些新现象引发了一些新问题，有的甚至可能改变居住区根本的生活方式。例如停车。实际上，这个问题在菊儿胡同第二期建设时就已经暴露出来，但当时未及做很多考虑。现在，胡同里的停车成了大问题。笔者进行实地调查时，与居民在路边的交谈就多次受到过往轿车的干扰。在胡同里，来往的机动车辆也远比想像中的多。有些轿车就停在胡同当中，使原本不宽的走道更显局促。一位80多岁的老人在菊儿胡同已居住了多年，对此感触颇深，他说道：停车已经影响到了这里的居住环境。其宅所在的院落（21号）旁边原来是规划中的一大块公共活动场地，内有供锻炼用的双杠等设施，但如今地面上被划上格子线成了停车场，双杠也一度被搬走。据了解，胡同内所停车辆多为居民私车。造成胡同车辆增加的另一原因是在胡同末端新建了一家儿童剧场，其大门直接开向胡同。随之而来的便是人流、车流、噪声、尾气……不仅影响到菊儿胡同的交通，也使得临街住户受到限制，大多数阳台现在只能用作杂物贮存间了……设计者原来设想创造的"结庐在人境，而无车马喧"的环境现在已名不副实。另一新现象更是不可能为设计者预先考虑得到，那便是"四合院"的"易主"现象。笔者在调查过程中就发现胡同里不时出现外国人的身影，起初以为是慕名而来的参观者，后经住户介绍，方知他们是"新四合院"的"新主人"。一位老住户（回迁户）颇意味深长地说："现在，菊儿胡同的老住户生活没有问题了。"原来，他们当中有相当一部分人将在胡同里经整建后的新居出租给外国人（据称月租金可达1万元，便宜者也达6000元），自己则迁往别处居住，每月只需花千把块钱租金。据该住户称，他所在的一幢八户人家，有六户都将房屋出租了。外国人对菊儿胡同"趋之若鹜"，不仅与小区周围方便的交通、生活条件有关，也与这里独特的环境文化有关。菊儿胡同的外国居民中，还包括一些与中国人通婚的外国人，笔者在调查中就遇到了两对"中外夫妻"和一个混血儿。以新代旧的传统中国民居中住进外国居民，是否给设计者提出了一个新课题："新四合院"如何考虑"洋为中用"，抑或"中为洋用"？

在进行调查之前，笔者曾与吴良镛先生交谈，吴先生指出菊儿胡同在管理上尚存在一些问题。实际调查表明，管理问题相当严重，不少居民对此很有意见。有关部门不按规章办事，造成胡同内居住人员混杂、使用状况复杂。据称，有的四合院中丢自行车现象也非常严重，因为过往人员太杂乱。不少外来人口租用地下室，使居民的构成更趋复杂：院中的花木也缺乏有效的管理……

通过对菊儿胡同"合院"的使用评估调查，笔者了解了许多问题，产生了一些困惑，也思考了一些问题。居住是一种文化现象，文化有根基，也有变迁。居住文化是复杂的。建筑以整个文化背景、社会背景为依托，涉及经济基础、意识形态、文化结构等等方面，与居民的构成及其行为方式紧密相关。菊儿胡同的整建，作为一项取得了相当成功的实践探索，其成功给人借鉴，现存问题引人深思。至少，我们在调查之后可以得出这样几个结论：

1. 设计师的想法与使用者的实际需求并不总是契合的。为了使设计更好地服务于民众，设计师必须更深入地研究使用者的心理，设身处地、结合多方面因素地考虑问题，并且应当在设计中适当"留有余地"，以适应居民特殊的要求及建筑持续发展之需。

2. 管理工作不容忽视。设计得再好的作品，如果缺乏良好的管理，使用状况是不会令人满意的。"三分建，七分管"，十分有道理。

3. 设计师必须研究新现象，解决新问题。任务的完成不是止于工程的交付使用，而应当延续下去，进行使用评估，不断调整改进。

对菊儿胡同整建后合院的使用进行评估，目的不在于就事论事，提出的结论也并非完全针对菊儿胡同（事实上，菊儿胡同在整建过程中对管理，使用后评估等工作都给予了相当的重视），由此引出的思考是针对当前的居住问题的。这个貌似简单实际复杂、功能单一而又问题繁多的领域，应当引起更多设计者的关注，设计师的创造力、责任心应在这里得到充分体现。如果更多的设计师能以"杀鸡用牛刀"④的态度去下大力气研究居住问题，我们的居住建筑和居住环境一定会有大的改观。

调查采用问卷调查与询问相结合的形式。接受调查者年龄分布：20～35岁；3人；35～55岁：3人；55岁以上：9人。在菊儿胡同的居住年限(3年者：3人；4～8年者：6人；)9年者：6人

（本文感谢侯斌超、董一平、杨帆、秦磊等学友的协助调查）

注释

①②吴良镛.北京旧城与菊儿胡同.中国建筑工业出版社，85页
③④吴良镛.北京旧城与菊儿胡同.中国建筑工业出版社，202～211页

董华，同济大学建筑与城规学院研究生

（上接104页）
形态这一基点上展开了更为整体的思辩，从而把社会制度与建筑领域联结起来，获得了一种宏大宽广的叙事方式（体现在《现代建筑》之中）和一种缜密激进的叙事方式（体现在《设计与乌托邦》之中）。令人遗憾的是，也许是一种"历史的诡计"，在他走向意识形态思辩的时候，他对设计维度的关注逐渐地隐没了。

不管怎样，塔夫里的《建筑学的理论和历史》还是赢得了很高的荣誉，有人甚至说，该书是60年代以来诺伯格·舒尔茨发表的同样晦涩而富于争议的《建筑意向》一书之外，欧洲大陆所有关于建筑理论和思想的出版物中最富影响力的著作。塔夫里本人与G.C.阿甘(Giulio Carlo Argan)、E.N.罗杰斯(E.N.Rogers)、B.赛维(Bruno Zevi)、L.本奈沃洛(Leonardo Benevolo)、A.罗西(Ando Rossi)、C.艾莫尼诺(Carlo Aymonino)一起树立了意大利建筑理论的标准。

（深切感谢刘先觉先生指正）

参考文献

1. M.Tafuri,Theories and History of Architecture,Harper,New York,1980
2. M.Tafuri,Modern Architecture,Henry N.Abrams,New York,1979
3. M.Tafuri,Architecture and Utopia,MIT Press,Cambridge,Mass,1976
4. K.Michael Hays(de.),Architecture Theory since 1968,MIT Press, Cambridge, Mass,1978
5. 塔夫里.建筑学的理论和历史，郑时龄译，北京：中国建工出版社，1991

葛明，东南大学建筑系博士研究生

巴黎卢浮宫扩建工程

李瑞钰

巴黎卢浮宫代表法国历史的荣耀，原本是法国皇宫，18世纪后改为美术馆，也是法国艺术收藏中心，巴黎的标志性建筑，位于凯旋门轴线的端点(图1)。

1983年密特朗当选法国总统后，想将巴黎建设成欧洲的首都，如何改建卢浮宫成了他最想解决的问题之一。卢浮宫

图1 巴黎卢浮宫原貌

本身虽极具历史价值，但其衍生的问题很多，包括：1.收藏品过多，没有多余的储藏空间可以置放；2.建筑物老旧，管理不当，设备陈腐，无明确引导，容易迷失；3.参观动线过长，公共使用空间不足(全馆只有两间厕所)；4.缺乏现代化设备(演讲厅、礼品店、餐厅等)，还有更糟的是，其中一栋被财政部用作办公空间。贝聿铭经由赵无极引见法国总统密特朗的特别助理，法方请他考虑卢浮宫扩建工程设计。当时他并未立即回应，只告诉他们已不参加任何设计竞赛。后来密特朗再托请他慎重考虑，他回答需四个月来作决定。其间，贝聿铭与夫人秘密去了三次巴黎，了解巴黎的都市特色及卢浮宫的历史，并思考解决方案，最后向密特朗提出他的构思。

1.设计构思

贝聿铭认为卢浮宫对法国历史与巴黎的都市太重要，于卢浮宫地面新增任何建筑都会影响原来的风貌，所以，解决方法便是：1.利用卢浮宫前广场开挖地下室连接原建筑群，这样可提供约65000m²的面积来满足现代化博物馆的需求，当然，财政部也得搬迁；2.卢浮宫的地面不作任何增建，保持原有风貌，惟一需要的是一个入口，而要在代表法国历史的卢浮宫前增设任何新的建筑物，对设计者是个很大的挑战。他曾试过圆角体、方块体，均立即放弃，最后采用透明的方锥体(35.41m×35.41m，高度21.6m，角度50.71°)来减少对旧有建筑物视觉上的冲击。这样的形体竟然与埃及的金字塔比例非常接近，设计方案提出后，立即引起法国极大的震撼，不管是对其造型亦或建筑师的国籍，都引起广泛的争议。贝聿铭后来建议，在卢浮宫前广场制作一足尺的实际放样体，来平息法国人对此设计的不安。

在配置上此方锥体位于卢浮宫三栋主建筑的轴线上(图2)，主要入口由面向凯旋门的方同进入，方锥体另外三侧以

图2　贝聿铭对卢浮宫扩建的设计构想草稿

水景与小的方锥体陪衬(图3),这些小的方锥体,作为进入各主建筑物的参观入口上的采光天窗之用。地下二层的入口,在第二期的计划与巴黎的地铁及大型停车场的入口联成一体,参观的人可不经过广场直接进入。但一般的参观人潮由拿破仑广场进入,经由电扶梯或回旋梯下至地下二层之入口大厅,再由大厅经电梯上至地下一层不同馆的入口,地下二层入口大厅提供完善的服务设施,东北角为演讲厅、会议室,西北角为咖啡厅,东南角为团体导游集合处,西南角为礼品店、书店、展示区(图4)。现代化的设施加上卢浮宫内各种展示空间的整修,使得卢浮宫焕然一新,重新成为欧洲最重要的观光据点之一。

　2.工程技术特色

　贝聿铭认为透明方锥体的入口,其玻璃必须尽量透明,其支撑构件必须尽量轻巧,使参观者不论在广场或是入口大厅,都能看得清楚卢浮宫建筑的艺术特色(图5)。所以,为表现透明的本质,清洗玻璃必须特别处理使其看起来像水晶玻璃(Crystal),无色而透明。为表现轻的特质,使用张力式构件来支撑玻璃,其结构体为不锈钢合金,由于不锈钢在太阳照射下会反光,造成眩眼,这支撑式不锈钢杆件,经过特殊处理使其颜色有点泛黄但不反光。杆件的设计和接合,都经专人研究制作而成(图6)。环绕于服务残障人士升降电梯的周围是混凝土灌铸外覆不锈钢的螺旋梯(图7),必须

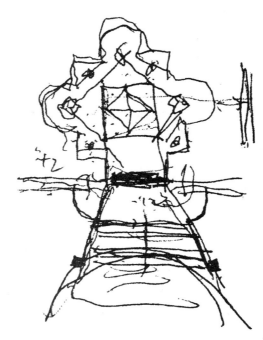

图3　卢浮宫扩建完成透明方锥体的入口

图4　卢浮宫扩建工程中现代化的服务空间

图6 张力式构件支撑透明的玻璃外墙

图7 攀岩高手清洗玻璃外墙

图8 高难度工程的旋梯

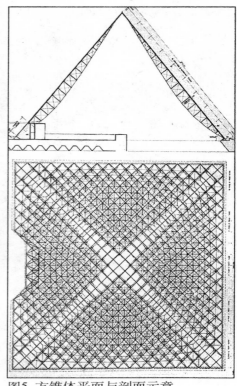
图5 方锥体平面与剖面示意

一段一段的施工，扶手材料使用曲面强化玻璃和不锈钢扶手。施工的技术可以追溯至爱佛森美术馆。两座连接一楼和地下二层的电扶梯，因几何形平面的关系，由不同的起点出发，但要同时到达地下一楼的平台，电扶梯利用30°、35°斜率的不同，造成特殊的视觉效果。地下室的大跨距的混凝土格子梁天花，施工时所有模板都是榫接，模板固定则使用强力胶布，以避免任何钉痕残留于混凝土的表面。为了确保工程品质，贝聿铭曾建议施工人员先至美国东厅参观。后来证明这次参观对施工品质的控制很有效。这透明的方锥体，施工时需要许多假设工程，不管是构件组成与玻璃安装均不容易，建造完成后，如何清洗成为最大问题，初期解决方法是请攀岩好手来清洗(图8)，1996年设计完成机器人才暂时克服此问题。

卢浮宫改建至今，巴黎人由反对到接受，最后并引以为傲，可看出贝聿铭之前瞻性，他不但为巴黎创造新的文化地标，也为美术馆史写下新页。

李瑞钰，台北宝元建筑师事务所负责人

混沌学研究
对城市规划的启示

何 磊

作为研究复杂系统的一门重要分支学科——混沌学，自20世纪60年代以来，伴随着计算机信息产业的迅猛发展和人类对世界认识的不断深化而获得勃兴。混沌学研究彻底打破了笛卡尔——牛顿力学体系对自然认识的束缚，成为本世纪继相对论、量子力学之后科学发展史上的又一重大里程碑。

混沌学研究表明，混沌是复杂系统，尤其是自组织系统的固有特性，是自然世界存在的普遍形式。在混沌学中，混沌（chaos）并不代表无序和彻底的混乱，而是代表一种有序与无序、简单与复杂、有限与无限共存于一体的整体状态。在混沌系统中，简单孕育着无限的复杂，在极度复杂现象的背后存在着意想不到的简单规则，它们交替迭更演化，构成了生生不息的自然世界。

混沌学研究的理论成果与思想方法也深刻地改变了我们对城市的理解与认识。一方面使我们能够真正掌握城市固有的矛盾及运动规律，促进我们对城市实行有效的规划和管理，另一方面也必将推动城市规划理论进一步的繁荣与发展。

混沌学研究对21世纪的城市规划将带来怎样的启示呢？就此，本文从城市空间系统的混沌特性、序态描述及结构生成三个方面加以论述。

一、城市空间系统的混沌特性

混沌系统的三个主要特性

1.确定性中具有不确定性。一方面混沌系统的未来运动被限制在一定的空间范围内（相空间），另一方面混沌系统的轨迹是不确定的，这种随机性，搜集更多的信息也不能使之消失。

2．对初值的敏感性。在混沌系统的混沌区，遍布这样一种临界点，在其附近，系统行为的微小偏差都会随时空的变化而呈指数函数般的放大，随机布满整个相空间。混沌系统这种对初值的敏感性，洛仑兹[①]曾不无夸张地说过，一只蝴蝶在巴西热带雨林中扇动几下翅膀，几周后就会在美国的德克萨斯引起一场巨大的龙卷风（蝴蝶效应）。

3.隐藏在混沌系统随机背后的是一种全新的秩序。在认识混沌之前，人们以为世界上的事物只能以两种形态存在：或有序，或混乱无序。但混沌却存在一种介于两者之间的序态，在时间上它是非周期的，在空间上是非对称的，蕴含着丰富的随机性，但又绝非无规律可言的混乱和无序。研究表明，这种全新的秩序是自然世界普遍存在的物质结构形式，而我们以往所认识的秩序，不过是自然世界序态中极个别的特例。

城市空间系统的混沌特性

1.城市所处的地域地理状况、资源分布状况、社会文化结构形态等决定城市总体空间分布状况的"相空间"是确定的，决定了城市空间系统是一种确定性系统。然而城市的构成要素却无比的繁多，相互之间的关系也极其的复杂，其各自的运动具有高度的不确定性，呈现随机涨落式的非线性运动。尽管城市诸要素这种跳跃随机性涨落以及其更迭的行为使城市空间的演替呈现出发散性的趋势，但是所有这些个别的城市行为却不能超出城市"相空间"的约束，对这种约束，克里斯塔勒在其"中心地理论"作过深刻的描述与分析。因此城市空间系统表现为确定性具有不确定性而不确定性行为又包容在确定性的城市"相空间"之内。

2.城市空间系统对初值具有高度的敏感性。城市早期的许多状况并无太大的差距。居所，街巷，工作场所，公共空间与地域结合所构成的社区空间创造了城市的雏形，提供了市民城市生活的基本保障。这种雏形城市空间，结构简单，差异不大。后来各种不同的因素，尽管它们起初微不足道，但在城市的发展与进化过程当中被迭代放大，逐步分化，导致各个城市发展的结果竟大相径庭。

3.城市空间系统的序态是现代建筑、城市空间理论无法描述的。建立在笛卡尔——牛顿力学体系基石之上的现代建筑、城市空间理论所倡导的"理性"，由于过分强调城市空间系统的确定性，忽视了不确定因素对城市发展的巨大影响，不仅破坏了城市固有的整体有机联系，造成了城市的冷漠与僵化；而且导致了城市功能的退化，加剧了城市生态环境的持续恶化。但是过分强调城市空间系统的不确定性，忽视其内在秩序的探索，也会导致城市的"虚无主义"，甚至推演出城市无需规划、无需控制的谬论。

城市空间系统有其自身的序，蕴含着丰富的随机性，但又绝非混乱与无序。因此，这种序态是以往城市空间理论无法正确描述的，为此必须引入全新的理论机制。

二、城市空间系统的序态描述

城市作为一种自组织的空间系统，其序态的描述、生成受制于自身的组织结构机理。热力学第二定律告诉我们，任何系统回归平衡态（死寂状态）的趋势都是不可抗拒的。这表明，在城市结构化的全过程，都要时时面对城市系统结构瓦解的厄运。与此同时，组织城市系统结构的要素成千上万，我们不能期待它们能够在随机碰撞的某一瞬间全部

图1　分形空间广泛存在于大自然以及自然生成的传统城市之中

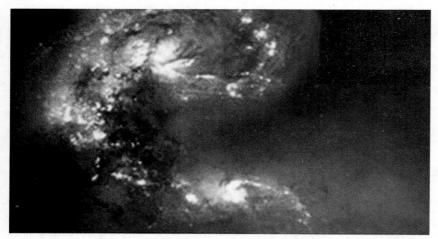

到位，然后城市就开始运转起来；这就好象某人背了一个有一万个骰子的口袋，不小心摔了一跤，你不可能指望撒在地上的一万个骰子全部都是六点朝上。因此，城市空间组织结构的发生、稳定与进化除保持城市系统开放这一必要条件之外，还必定存在一种能够克服上述难题的机理。

诺贝尔奖金获得者，著名的经济学家、管理学家西蒙（H.R.Simon）在探讨这类复杂系统的进化问题时，用了一个通俗的故事，形象而深刻的论述了这种机理。这个故事讲的是：有两个名叫霍拉和坦普斯的表匠，各自在组装一种有1千个零件组成的钟表，但这种新式钟表在组装过程中如果中途停止，就会慢慢散落。坦普斯总是努力地一气装完，可是总有一些重要的事情使他不得不中断工作，如订户的电话和来访等，因此总是完不成订货，生意越来越淡。霍拉却想出了一个聪明的办法，他设计了一种有10个零件组成小组件稳定而不散落的办法，接着设计了一种10个小组件组成大组件稳定而不散落的办法。这样尽管霍拉也经常接待订户，而且订户越来越多，但他每次停手损失的活计总是不多。通过直接计算，坦普斯平均装一只钟表的时间要比霍拉长4000倍，霍拉的中间层次稳定的方法使他节省了时间，加快了进度，生意也越做越好（H.R西蒙《人工科学》）。

通过对城市进行类似的思考，我们认为城市之所以可以存在与发展，其空间组织结构应该存在同样的机理；然而，描述这种通过自组织机理而生成的城市空间序态，经典几何学是无能为力的，必须借助混沌学研究中的一门重要分支学科——分形几何学。

分形

分形（fractal）是曼德布罗特教授（Mandelbrot）于1975年首先提出并命名的一个崭新的概念，它指的是一类极度复杂、貌似无规，但又具有自相似性的几何空间体系，其最突出的几何特征就是它的空间维数的非整数性。正是由于分形的这种特性，使其具有了描述自组织系统在进化过程当中不断导致时空结构对称破缺的能力，分形也因此成为具有描述生命空间结构特征能力的大自然的几何学。

在自然界，从壮观的宇宙星云、变幻莫测的云团、曲折蜿蜒的海岸线、起伏不定的山峦，到美丽的珊瑚礁、枝繁叶茂的大树、人体血管体系等等，分形结构比比皆是；借助分形，大自然创造

了五彩缤纷、精美绝伦的奇迹。在城市，现代城市已不明显（现代主义已打乱了城市原有完整的体系），但在那些幸存下来的、自然生成的传统城市，却可以真实地感受到由街巷院空间体系形成的分形空间意象的存在，它们与大自然交相辉映，被人们称之为"如歌的城市"（图1）。

分形空间的特性

分形空间除具有空间维数的非整数性之外，还具有以下三个方面的重要特性：

（1）尺度不变的自相似性：分形空间的维数不随观察尺度的变化而变化，而尺度不变又导致了分形图形的自相似（这种自相似既可以是严格的，又可以是近似或统计意义上的）。

（2）具有精细的嵌套结构，存在任意小比例的细节。

（3）分形图形按照有限的规则（某种简单的规则），产生于迭代过程（规则不同，迭代产生的图形也不同）。

分形可以分为两类：一类是由系统内部自组织而形成的，称之为物理分形（城市混沌状态的空间结构可归为此类），这类分形要受到一定尺度上下限的约束；另一类是按严密的数学法则生成的，称之为数学分形（图2）；这类分形不受尺度上下限的约束。严格的数学分形可以作为物理分形的数学模型。

分形空间结构的生成

分形空间结构遵循简单的规则产生于迭代过程，为直观起见这一过程用图解的方式予以说明（图3）。

从分形图形生成的过程当中可以看

图2　由计算机生成的名为jule-mandelbrot集的数学分形

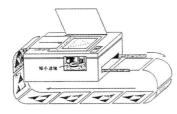

借助于一台虚拟的多级缩小复印机说明一种叫做谢尔宾斯基地毯的基本的分形图形的迭代循环生成过程。在这台"特殊的复印机"中（隐喻着一种叫做线性分形几何语言的算法，即构造法则）若干透镜将一幅任意选定的原始图形（输入），变换成一幅新的图形（输出），所输出的新图形是输入图形的缩小复制品所组成的拼贴图案，输出图形将自动地反复通过这台机器，产生出一幅最终的图形。最终的图形与原始图形（FRACTAL）无关，而取决于算法。

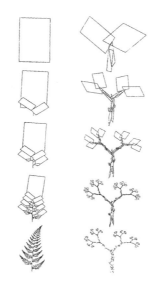

分形图形的形态仅仅取决于算法。左图是一种蕨类植物形状的分形，右图是一种未名植物形状的分形，它们产生于比谢尔宾斯基地毯分形稍微复杂一些的算法。采用分形语言，只需几个数值就足以生成一种栩栩如生的图形，而采用普通方法描绘同样的图形，则需要数十万个数值。

图3　分形生成过程

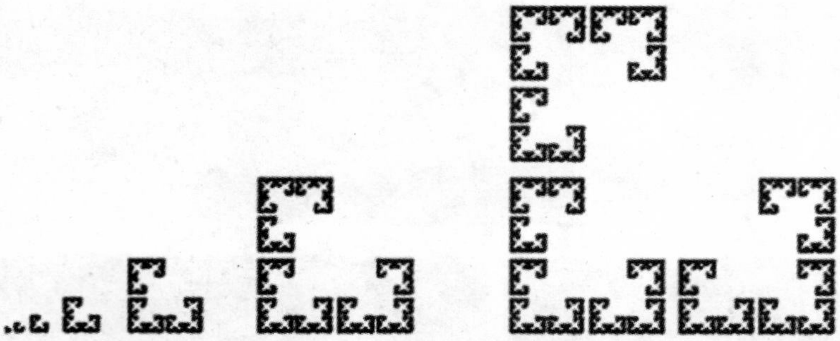

图4　一种具有分形结构的城市空间模型构造生成过程

出，自组织自相似的生成方式虽然造就了分形极尽复杂的无穷变化，但这种变化却能用极少的信息表达出复制它们所需要的全部信息。如果借助计算机，一个简洁的、只有几十个字符的程序便可将分形图形所蕴含的复杂性全部记录下来。由此，分形也就具有了一种由简单进入复杂的能力。

客观世界的复杂事物可分为两种：一种是无规可循的复杂——无序的混乱，其特点是图形复杂而规则必定繁多；另一种是有规律的复杂，这种复杂的事物由于具有分形结构，虽然形式复杂却本质上简单，只需有限的规则便可破译其中的奥妙。混沌学研究表明，客观世界以第二种复杂的事物居多。大自然似乎偏爱着分形，因为有了分形，大自然就不必运用无穷多的信息，耗费更多的资源去构筑极其复杂的世界了。她只需要有限少量的信息和资源，通过迭代过程，就可以创造出巧夺天工，丰富多彩的世界万物了。

通过分形，我们由此获得了一种描述城市空间结构序态简洁、清晰、直观的几何表达方法。

三、城市空间系统的结构生成

城市空间结构的整体生成

根据对城市空间体现序态的全新认识，参考分形结构的生成法则，我们可以建构一种具有混沌结构的城市空间几何模型，具体构造过程见（图4）。

需要补充说明的是，城市可能存在的分形模型远不止上述一种，不同的建模法则，会产生不同模式的城市分形图形。此外上述城市空间结构模型仅仅是一种均质纯净背景下的数学模型，并未考虑环境边界条件的约束和背景噪声的影响等；真实的仿真过程要远为复杂得多，例如实际地理状况对分形图形产生一系列拉伸、压缩、扭曲、褶皱的拓扑变换以及各种城市门槛边界条件的约束

效应等等。

城市空间结构的过程生成

城市空间结构的自组织，自始至终都处于过程当中。城市是由基本空间组件[②]开始，遵循一定的空间法则，通过有中间层次的多阶段过程，逐次迭代而成的。以下分五个方面对这一过程加以论述。

（1）城市的空间结构的自组织过程是一个从小到大、从低级到高级、从简单到复杂、自下而上循序渐进的演化过程，而不可能相反。道理很简单，小组件内部的各要素易于达成协同，其结果使系统能够顺利实现涨落并完成组织化，为启动下一轮的自组织过程准备条件。与此同时，由于城市作为一种混沌系统，其长期行为的不可预测性，也决定了城市的规划、建设过程是一个自下而上、而不是自上而下的过程。

（2）参照艾根超循环理论[③]中拟种[④]的概念，我们认为将城市起始的基本空间组件建构在居所上是一种可行的选择；这里一方面考虑到家居生活是城市生活的缩影，城市的场所精神可以在居所的场所精神中得到映射，另一方面也考虑到居所本身具有的空间结构关系在城市空间的自组织过程中能够发挥着与拟种类似的功能作用。

（3）保持城市空间组件的功能完整性在城市空间自组织过程的每一个阶段都非常的重要。因为，城市空间组件的功能完整有助于增强城市系统内部的协同，降低系统结构溃散的阈值，同时为系统实现远离平衡态的自组织、自稳定、自我进化创造条件。因此城市好坏与否，不在其大小，而在其功能完整与否。

（4）城市空间结构的信息量随城市自组织的迭代过程而获得放大，这些信息不仅有城市自组织结构过程所需要的有用信息，同时也包含了大量的中性信息，正是由于这些中性信息的存在，不仅使城市空间得以丰富和细化，也使城市空间具备了转化与进化的潜质。因此，城市保存足够丰富的中性信息，对于促进城市的可持续发展，具有其不可低估的积极作用。

（5）在城市空间结构的自组织过程中，每一阶段的城市空间功能组件保持一种空间对称的破缺和对自然的半开放状态，对实现城市空间系统的整体进化都是至关重要的。如同其它生命系统一样，城市空间系统是通过超级循环迭代过程中一系列空间对称的破缺，获得自我进化能力的；也正是通过这一过程，城市使自身的每一部分都能够与自然进

行有选择的接触，从而使城市获得发展自我的生命原动力。城市规划多年来所倡导的"自然系统呈指状向城市渗透"的理想，也只有在城市处于上述过程的状态下才能够真正获得实现。通过对城市分形模型的图底反转，城市的这种生命状态由此而得以直观、清晰地展现在我们面前（图5）。的确，它是由城市本身自然发生的，而不是由我们强加给城市的。

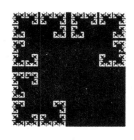

图5　具有分形结构城市空间的对称破缺和自然呈指状向城市的渗透

城市空间结构的自相似

城市生长过程中的因果迭代循环和阶段性的空间对称破损使城市进入混沌，导致城市产生了具有嵌套的自相似的分形结构。这种城市空间的自相似性，又使得各阶段的城市空间组件具有了相互映射的能力，其情形颇似佛教《华严经》中讲述的因陀罗网：在这张悬挂于帝释天宫殿中由宝石结成的悬珠网上，一颗宝石可以映现所有其它的宝石，而每一颗宝石所映现的一切宝石，又各自映现其他的宝石，如此重重映现而无穷无尽。

在传统自然生成的历史城市，由于一种由街、巷、院构成的自相似城市空间体系的存在，从而使人们能够真切地感受到一种城市的自然之美。不过，应该注意的是，这种传统自然生成的城市，在街、巷这两个城市空间层次上，交往和其他功能空间往往又显得特别的薄弱，因此，这种自相似性又是不完备的，由此导致了城市结构信息在空间转化与跃迁过程中的匮乏与溃散；所以，从进化意义的角度来看，这种城市也难于进一步的发展。

在现代城市，现代主义彻底的功能分区，不仅彻底打破了城市各层次阶段空间组件的功能完整，而且也使城市空间结构体系的自相似消失殆尽，导致了现代城市反自然、反人性的僵化与冷漠。由于彻底的功能分区，我们上班就业，每天都要花费几个小时，横跨几个街区，来往于居住地与工作地之间。不仅就业如此，即便购物、休闲、与自然接触都是如此。人的需要是多方面的，然而在现代城市，为了满足这些需要，我们浪费了太多的时间、精力和财力用于这些无效的交通；而且，城市为了这些无效的交通，也承受着越来越大的土地压力。

可能存在的争议及对未来的展望

保持城市空间组件的功能完整与自相似的嵌套结构，对于城市的自组织、自稳定、自我进化具有重要的意义。然而，关于城市空间规划，采取功能分区还是采取功能混用不断存在的争议，又不能不使人们心存芥蒂，因此有必要廓清三者之间的差异。

通过对城市要素功能意义的分析，我们认为，倡导城市空间组件的功能完整及自相似的嵌套结构，较之强调城市功能分区以及城市功能混用的两种主张都存在着本质上的差异，具体表现在如下两个方面：

（1）城市要素的功能意义仅体现在自身所参与的城市空间组件的内部，所以由城市要素的功能意义而界定的城市功能分区也只能发生在城市空间组件的内部，脱离了城市空间组件，城市的功能分区也就失去了自身存在的意义。

现代主义所强调的城市功能分区，无视城市存在着自组织的多阶段过程，它们将原本隶属于不同阶段的城市空间组件的功能要素，严格进行萃取分类分区的做法，实际上是在扼杀城市，置城市生命于死地。在此仅以一个极端的事例作以概括说明：如果我们承认厨房是居所的工厂（场）的话，那么按照现代主义功能分区的理论逻辑，厨房是不是应该从居所中剥离出来而统统划归到城市的工业分区内呢？

（2）为维持城市空间组件的自稳定，保持其内部相对完整的功能要素体系是必要的。然而这种完整的功能要素体系并非城市空间功能混用理论主张的那样是一种功能要素的堆砌。受城市空间组件尺度不变性的制约，它更强调城市功能要素应具备适应建构所处的城市空间组件要求的功能尺度标量。功能尺度标量这一空间参量可概括为三个方面的内容：

a．各要素维持自身正常运作需要占据的空间尺度；

b．各要素在城市空间组件内部的影响辐射范围；

c．各要素相互之间取得协同的有效作用半径。

值得注意的是，随着科技的进步，有可能使某些重要的城市要素，因自身功能尺度标量的缩小，在城市的时空结构上会发生逆向的漂移，但这并不是说，结构城市空间组件所需的城市要素的功能尺度标量本身在城市的时空结构上发生了逆转，城市空间组

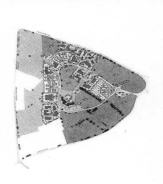

Stockley 产业公园

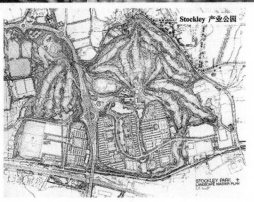

图6 产业公园

件结构所需的城市要素的功能尺度标量是由城市混沌结构的尺度不变性决定的，与技术水平无关，也与城市要素的漂移无关；在城市发展的每一个阶段，城市要素自身的功能尺度标量都必须适应其所处城市空间组件的空间尺度不变的要求，这是城市自组织过程的一个永恒的主题。

尽管科技进步无法改变城市的混沌特性，但我们应当充分认识到，由科技进步带来的城市功能要素在城市时空结构中的逆向漂移，其蕴涵的发展潜力，有可能衍生出居住地与工作地、工作地与休闲地……全新的融合模式。今天，全球产业公园的迅猛发展已初步证明了这一点（图6）。因此，如果我们能够正确认识与合理地使用技术，就有可能减慢

城市向外膨胀、溃散的速度，使城市在有限的空间尺度范围内，变得更为精致，更有效率，也更富有活力，从而为城市的可持续发展提供更为广阔、持久的发展空间与发展时间。

注释

① 洛仑兹：混沌学主要创始人之一。
② 城市空间组件：一种能够进化的城市空间自组织结构，其空间结构机理类似于拟种，而其空间结构形态则类似于奇异吸引子。
③ 超循环理论：超循环理论是由德国科学家艾根（Manfred Eigen）创立的一门关于复杂系统进化发展一般机制的研究理论。
④ 拟种：一种复杂系统进化的基本组件，它不仅能自我复制成群体，创造和积累新的信息，还能自动寻找不同的小组件去建立合乎要求的大组件。
⑤ 奇异吸引子：耗散系统相空间的体积在运动过程中会不断收缩，不同的初始条件会趋向同一或少数几个不同的结果，耗散系统相空间中这样的极限集合称为吸引子；具有非整数维数的吸引子称之为奇异吸引子。

参考文献

1. 何磊.整体环境空间的有机生成——建筑分数维空间研究初探.华南理工大学1991年硕士研究生毕业论文（导师：刘管平）
2. 陈式刚.映象与混沌.国防工业出版社
3. 李建华、傅立.现代系统科学与管理.科学技术文献出版社
4. D.米都斯等.增长的极限.李宝恒译.四川人民出版社
5. 杰里米·里夫金等.熵：一种新的世界观.吕明、袁舟译.上海译文出版社
6. Benoit B.Mandelbrot.大自然的分形几何学.陈守吉、凌复华译.上海远东出版社
7. 让—保罗·拉卡兹.城市规划方法.高煜译.商务印书馆
8. 让·凯勒阿尔等.家庭微观社会学.顾西兰译.商务印书馆
9. 韩明谟等.社会学概论.中央广播电视大学出版社
10. 罗狄—刘易斯.笛卡儿和理性主义.管震湖译.商务印书馆
11. 余正荣.生态智慧论.中国社会科学出版社
12. SCIENCE, OFFICE AND BUBINESS PARK DESIGN.Published by ROTOVISION SA

何磊，广州市城市规划局

方略从容处事　精神洒落挥毫
——记胡镇中总建筑师

郑振纮

80年代以来，中国建筑业腾飞，建筑师欣逢创作的春天，出现了群星灿烂的大好局面。广东省建筑设计研究院的胡镇中总建筑师，岭南建坛一座耀眼的星宿，正当事业如日中天之际，竟于2000年6月10日凌晨溘然去世，遗下未竟的事业。然而，胡总对事业执著追求的精神，永远胜任愉快地创作的姿态，无疑是留给同行后来者的一笔无形资产。

一、方略从容　建树卓著

建筑学专业的特殊性在于它包含着工程技术和造型艺术的双重性，同时，它直接源于生活又服务于生活，具有高度的社会开放性。严格地说，优秀的建筑师，除了常规的建筑设计外，还应能画、能写、能讲，在这方面，胡总有天赋，而且不断加强自身的职业道德修养，不断拓展知识面，扩大视野，爱好广泛。给人的印象总是落落大方、潇洒自如。人缘好、有口碑。

胡总与建筑学专业，是双向珠联璧合的最佳选择，他善于观察，热情接受新观念，空间概念清晰，形象思维敏捷。长期以来，尽管他的任务非常繁重，经常还是"十万火急"，但从来未见他皱着眉头或手忙脚乱。他总是以大将的风度，从容不迫，沉着应战，以最快的速度推出一个又一个优秀方案。由于他手上功夫过硬，建筑画面令人赏心悦目，并能用准确、生动的语言来表达，因而，他的方案命中率甚高。30多年来，他构思或指导的方案难于统计，完成实施的建筑创作作品有好几十项，遍及工业与民用建筑的多种类型。

一般来说，建筑师对工业建筑的设计不甚感兴趣，处于服从工艺的被动地位。而胡总在六七十年代的二汽现场，能与工艺师密切配合，出色地完成各项设计任务，后来被推选为全国工业建筑学术委员会副主任委员。当然，胡总创作的辉煌主要集中在80年代以来的民用建筑方面。他热情接受新观念，但始终保持冷静的思维，不盲从外来的各种建筑思潮或形式，他自认："我没有什么主义、也不属什么流派"。每项工程都能因时、因地制宜，充分利用现有条件。他强调："建筑师必须明确自己担负一定的历史使命，每项创作，必须恰如其分地反映所处历史时期的社会真实内容……要有时代感和所处时代的先进

性"。因而，他的作品反映出强烈的时代感，形式多姿多彩，不拘一格，显示出创作思路宽广、手法灵活、运用自如的功力。其作品涉及办公、教育、银行、宾馆、医院、航站楼、图书馆、体育馆、别墅区、度假村、大型综合体、小区规划等。其中，湖北省计量工程荣获国家优秀设计一级二等奖，中国造船总公司中南航站楼、深圳碧涛苑、海口市府大楼、海口石化大厦、广州东骏广场、广东粤海大厦等多项工程荣获省级优秀设计奖。

二、洒落挥毫　自成一家

经过长期的磨炼，胡总的手上功夫达到得心应手的程度。他创作的作品形象没有固定的风格，但他的建筑画却形成了自己的特点。他随身带一支美工笔，不管何时何地，需要动手时，他便用这支美工笔，控制线条粗细、勾勒方案、准确、形象地表达构思，并注上说明、技术经济指标和必要的配景。胡总就是这样，以草图形式与同事交流，尤其是即席将业主的意图表达在纸上，赢得了业主的信任。

胡总的彩色建筑画，给人以清新、淡雅、明快的舒适感，用色不求多、不求浓，只求整幅画面构图完整，布局均称，主次分明，画面和谐，连背景、云彩等也是淡淡的。但所有轮廓线却有棱有角，明暗对比强烈，细部交待清楚，绝无含糊之笔。胡总的建筑画，内行、外行均乐意欣赏。记得有一次广东省土建学会办培训班，胡总一面讲解，一面即席挥毫示范，很快便挥就一幅建筑透视图，众学员交口称赞，正是"羡君意气风生座，落笔纵横盘走汞"。可以说，胡总徒手勾的草图或建筑画，对青年建筑师和建筑学专业学生来说，是珍

贵的教材式的示范画。

三、因势利导　新秀茁壮

我国老一辈著名建筑师林乐义先生警告过自己：在审查手下人的方案时，切忌有权威思想。据悉，青年建筑师往往对审图的技术上司有多少畏惧感。而广东院的青年建筑师，却非常欢迎胡总审他们的图。胡总经常说："年轻人提出一个方案，肯定有许多想法，付出不少心血，也一定会有可取之处，不要轻易否定。"因此，胡总不会简单地否定方案，更杜绝训斥之词，而是耐心地、平和地分析方案的优缺点，因势利导地启发，让青年建筑师不断改进、不断完善方案设计。这样，青年建筑师既受到鼓舞，保持高昂的积极性，又能在实践中不断得到提高。

十多年来，广东院的青年建筑师，一批批新秀在成长，这除了他们的自身努力外，与胡总的淳淳教导分不开。他们普遍反映，与胡总在一起总有一种愉悦感，胡总利用改图、会审、参观、出差、下现场、餐桌上等场合，结合周围的事物，将人生、技术、艺术、哲理等融汇在海阔天空的闲聊中，使大家在谈笑风生的气氛中得到教益，慢慢积累，自然会升华。

建筑师多怀有专业优越感，尤其是青年建筑师，在设计中往往过分突出自己的工种，忽视其他相关工种和国家经济技术指标。对此，胡总在审查方案时也给予指出，使青年建筑师克制自我表现的势头，养成尊重相关工种、互相配合、共同把设计做好的作风。

四、学风民主　知人善任

记得1992年在山东召开的"中国当代建筑学术研讨会"上，胡总受一幅大条幅的启发，即席发表了关于学术宽容的讲话，强调学术民主、宽容的重要性，主张大家敞开思想，畅所欲言，允许各持已见，通过讨论、沟通，达成共识，殊途同归。胡总在组织院内外的学术活动时，以身作则，发扬学术民主，让尽可能多的人充分发表个人见解，鼓励年轻人大胆发言，多得锻炼机会。还记得有一次院内学术活动，在谈到设计竞赛时，他明知有些建筑师有畏难情绪。他委婉地以"绘图笔隔久不用，一旦取出时或无水或不顺手"等语言来勉励大家，调动其创作激情。大家听得明白，不会感到为难，钦佩胡总善解人意、宽容雅量和用心良苦。

作为总建筑师，他洞察全院100多位建筑专业人员的能力、特点、工作态度等基本情况。他知人善任，使大家各得其所，能发挥特长胜任本职工作。他经常组织专组对紧急任务攻坚，调兵遣将有方，在出成果的同时出人才。

他曾在武汉参与创办《华中建筑》，因而对于《南方建筑》杂志的错、漏和版

面较花的问题，十分理解，认为没有经费、没有专职人员，能坚持下去就应先肯定，不过多指责并向有关同行解释。当然，他也提出不少改进意见。

五、呕心沥血　废寝忘食

胡总除了院内负重任外，社会工作也繁忙，如全国注册建筑师考试命题，各地的评优、评标、论证、咨询、出访、讲座等，经常马不停蹄地辗转在外，他从不叫苦，热情地、有效地参与社会工作。他人所托之事，他再忙也尽力而为。更难于想像的是，他恪守原先排定的日程计划，将社会工作占去的大量时间，返院后必定自觉、及时地补回。经常苦战至深更半夜，有时甚至通宵达旦。清晨，用冷水驱除浓浓的倦意，带着新的方案、新的希望，又踏上新的征程。这就是胡镇中的性格，有一分热，发几分光。回顾此情此景，联想斯人过早离去，叹息他为事业透支生命的时光实在太多、太多!

六、气质坦然　壮志未酬

在社会上，有些艺术家不修边幅，美其名曰"艺术家的风度"。对此，胡总自有看法，他认为，在外面要体现单位的形象，同时，整洁端庄的仪表形象，也是对别人的尊重。因而胡总虽已步入花甲之年，但由于一贯注意仪表形象，更主要的是宽容的雅量和开朗的性格，从外表看怎么也不像已进花甲之年，而心理年龄更年轻，经常活跃在青年建筑师中，对事业常有新的筹划。

近几年来他经常表示，过去多年忙于设计，东奔西走，没能好好地对自己的作品进行总结，有许多心得体会未写成文，是遗憾事。待退休后定认真疏理、总结，以文会友。特别是要收集、整理过去的创作手稿、资料，出版自己的作品集。打算组织一批志同道合的建筑师，办一个设计事务所，继续搞些创作和学术研讨。还建议以《南方建筑》的名义，搞个"南方建筑俱乐部"，办成建筑师之家，接待海内外建筑界朋友，让大家在宽松、舒适的环境气氛中交流、休闲……这些设想"心随朗月高，志与秋霜洁"，并非太遥远，完全可以实现。可惜这位潇洒自如、有作为、有抱负的建筑师竟这样弃下未竟的事业，有道是"壮志未酬事堪哀"。胡镇中的英名及其业绩，将永载岭南建筑史册。

正是：

镇日为兴邦，从江夏至岭南，设研宏构。洒落挥毫，获奖联珠，卅载辛劳如一日。

中情投创业，迪青年培主将，改革陈赛。沉绵负重，未酬壮志，全员遗憾已千秋。

2000年6月14日夜

郑振纮，《南方建筑》主编

历史 · 批评 · 设计
——读塔夫里《建筑学的理论与历史》

葛 明

曼弗雷多·塔夫里(Mafredo Tafuri)是已故意大利"新左派"建筑理论与建筑历史学家，以精深的哲学思辩名扬建筑学界内外。他1935年生于罗马，是威尼斯建筑学院建筑历史教授，也是威尼斯学派[以建筑历史研究室(Lstituto di storiadell'architectura)为核心]的旗手，其代表作有《建筑学的理论和历史》(Theories and History of Architecture, 1968)、《建筑与乌托邦》(Architecture and Utopia,1973)和《现代建筑》(Modern Architecture,与Franceosco Dal Co合著，1976)。其中前者到1990年前已出了八版，其意大利文名为Teorie estoria dell's architectura，1980年由Granada出版有限公司根据其第四版出版了英文第一版(Dennis Sharp翻译)。我国对该书的译介由汪坦先生开始，他在《世界建筑》8601、8602中摘译了引言、第一部分和第五部分，后又由郑时龄先生全文翻译，作为《建筑理论译丛》中的一种，由中国建工出版社于1991年出版。《现代建筑》为一部洋洋大著，有英文、意文多种版本，1999年已由刘先觉先生主持译出，并由中国建工出版社于2000年出版。《建筑与乌托邦》与上两本书相较则颇为短小，但也正是这本书奠定了他的世界性声誉。F·杰姆逊甚至认为只有阿多诺的《现代音乐哲学》、罗兰·巴特的《写作的零度》在理论高度与认识能力上才能与之相比，此书在国内尚无译本。塔夫里的另外一些著作尚有《美国城市——从内战到新政》(The American City,from the Civil War to the New Deal,与Giorgio Ciucci,Francesco Dal Co 和 Mario Manieri-Elia合著，1973)、《领域与迷宫》(The Sphere and the labyrinth,1980)、《威尼斯和文艺复兴》(Venice and the Renaissance,1989)。

J.L.柯亨与F.杰姆逊分别指出，一种来自康德的批判意识、来自马克思的辩证的意识始终贯穿着M.塔夫里的所有著作。他始终关注着资本主义场景中现代建筑的意识形态，他的理论坐标是由G.齐美尔、M.韦伯的社会理论，G.卢卡奇、W.本雅明、F.阿多诺的批判理论，R.巴特、L.阿尔图塞的结构主义，M.卡西亚里的否定理论，以及意大利左派前辈葛兰西的理论所确定的，这使他获得了一种超越已往建筑研究的理论高度。

那么塔夫里叙述了什么？为什么要阅读塔夫里？这些是本文作者将要进行的系列研究的主题。对于第一个问题，笔者将主要通过介绍他的三部名著来加以阐述，从而解除对塔夫里的陌生感；对于第二个问题，将从F.杰姆逊对塔夫里的评述谈起，从而不断将研究导向深化，梳理艺术学、史学、哲学、社会学与建筑学之间的种种纠缠以及建筑自身的语言混沌。本文先介绍《建筑学的理论与历史》一书。

《建筑学的理论和历史》是塔夫里《建筑与乌托邦》的"入门前奏"，也是理解塔夫里的起点，它昭示了塔夫里的思维方式与写作态度，也同时体现了他当时的思想矛盾与视角局限。

对于60年代后期的塔夫里，主要有两种写作背景，一是他的思想正经历着一个明显的转变过程，即在他看来，建筑作为一种社会形制，由于不再服从资本主义的利益，现阶段又不可能为任何新的社会提供保证，因此开始濒临困境。当时复杂的国际全景中体现了一个基本的事实，即二三十年代大师所清楚表现的东西正在被新一代中青年建筑师加以变形使用并与未来的建筑之间发生了隔离，在明显的危机来临之时，人们在没有完全理解其原因的情况下，采取了模糊的试验方法来加以解决，但是试验始终只停留在建筑行业之中，而这一行业已不能再用自身的传统来解决问题了，所以建筑师们面向无法确定的未来焦急彷惶。"在那种气氛下似乎只有孱弱的乌托邦思想才能为仅存的建筑人文概念创造温柔之乡"。二是意大利当代建筑的发展有着特殊的情形：意大利的现代建筑运动起步较晚，尽管出现过理性建筑运动MIAR，但其理性主义始终是在自相矛盾中发展的，根本不恪守那种纯粹的理性主义信条。正是这点使得他们始终战战兢兢地面对着现代建筑中的"语义损失"(Semantic loss)，并使他们的建筑理论在这一方向得到了迅猛的发展。另外所有意大利建筑师都有一种把他们的作品融于异常丰富的历史文化背景的需要，因此创立一套阐述建筑与历史相互关系的理论作为指导日常实践活动得心应手的武器，就显得非常必要。在战后的重建过程中，这一需要更是刻不容缓，力求与过去保持和谐成了意大利建筑活动的主线。六七十年代建筑业的不景气，也促使建筑师大量转向学术研究和理论工作（该时期意大利出版的建筑书籍，比欧洲任何一个国家都要多，使它一跃为建筑理论的研究中心）。他们在纯理论研究中借鉴了一些当时呼声最高的社会学科理论，并以之为框架，充实自身的内容。20世纪的几种主要哲学潮流如西方马克思主义、现象学、分析哲学、实用主义、结构主义、生命哲学等等无不为其所用，对历史的眷恋，对新方法的迅速运用成了意大利建筑理论界的一大特征。

从上述二个背景可以看到塔夫里对于建筑的未来（意大利在20世纪一二十年代就曾提倡过未来主义运动）和传统这组关系向当时建筑界提出的挑战报以极大的忧虑。在《建筑学的理论和历史》中，就更多地体现了塔夫里对于第二种背景所作出的反应，他全力以赴地使用着新方法加入了一场老命题的论争之中。他的敏锐与辩证法给这一主题带来了新意，更重要的是他的"破坏姿态"得到了锤炼，从而为他下一步深化——直奔第一种背景的思考作好了知识准备。

在《建筑学的理论和历史》一书中，塔夫里直言不讳地指出：他倚重的建筑批评（广义上的批评）作为挽救建筑预境的一种策略已经处于两难的境地，"不屑赶时髦的历史学者、批评家，或试图使批评具有历史意义的历史学者都充分认识到最易受抨击的是历史批评。"他引用了莫霍利·纳吉的言论把历史批评家比喻为皇家宴会开庭之前提议为国王祝酒的一位衣着华丽的笨伯。在塔夫里的视野中，建筑学面临的危机，设计面临的危机，历史面临的危机，批评面临的危机的是具同一性意义的，他坚持认为应该批判和否定先锋派那种极端的"反历史主义"态度，从而把历史的原则重新引入建筑批评、建筑理论和建筑设计之中去。他是怎样阐述历史、批评、设计的融合的呢？

塔夫里首先揭示了批评与历史的关系以及它们所面临的困境。他说"批评意味着收集现象的历史精髓，将它们严格地评价并筛选，展示它们的神秘、价值、矛盾和内在本质，并且探索它们的全部意义。然而在我们这个时代，故弄玄虚与卓越的变革，历史与反历史的观点，极端的唯理智论和温和的神话，在艺术诞生之时就已经掺和在无法摆脱的困境之中。以致于评论家与当前的创作实践出现了极端成问题的关系，尤其在考虑到文化传统时"。塔夫里所采取的

解决策略是把批评视为某种"历史的构造"，因为在纯粹的意义上，批评标准的确立，既不可能来自先验的理论范畴，也不可能来自现实的经验体系，而只能来自对历史的批判性研究，以构造出某种解释的原则或检验的标准（因为一系列先验的普遍的概念，如"美"、"价值"、"本质"都具有太多的抽象性质，不能提供一种实践的出发点，而引发了过度的预设；以"具体的经验"为出发点，又会使美学问题变得过于不确定，而陷入"价值"的危机）。由于"批评的目的首先在于加深我们对已知事实的理解而并非去发现未知的事实"，所以批评的概念必须有一定的规范，建筑批评的不定性使它无法像科学一样寻找可靠性，所以只能通过对"历史的构造"中确立自己的相对标准。反之对于历史的理解，也不能只停留在纯粹的描述上，简单地把历史上的人物事件按编年史的秩序加以"定位"，而必须借助于批评研究这种真正意义的历史研究。只有这样，各种历史现象才能具有多重的意义和"再生"的可能和必要。特别是由于历史的复杂性与矛盾性，唯有赋以批评策略，才能提供对目前所提出的问题的一种解答，这样历史性的回顾才能成为现时理论的背景，历史才能展现对现今的意义。历史和批评的这一辩证关系、依托关系为建筑危机的消除提供了一剂良方——因为危机本身是一种前后关系中处于矛盾的反映，是一种历史的要求。塔夫里为建筑批评赋予了历史意义之外还指示了一种方法论的可能性——那就是结构主义和符号学的引用。他指出了它们在设计分析方面的积极作用。"首先，它们为建筑研究提供了科学的基础。它也是这一令人焦虑不安而又变幻莫测时代的客观需要。其次结构主义和符号学提出了一个系统化的任务，目的在于认识那些形成苦恼而又危机四伏的观念体系的现象"，它们为"不愿沉溺于徒劳无益的哀诉"的批评基础提供了分析方法从而显示了它们的积极意义。

塔夫里通过对现代建筑运动的"解秘"来展开他的详细论证。对于塔夫里看来，现代建筑运动的发展史就是一场对历史的挑战史（但他不承认传统的说法，认为其"反历史主义"主义也是具有深刻的历史性的），他指出欧洲先锋运动中，现代艺术企图要推毁的不但是历史，甚至要摧毁作为历史产物的现代艺术本身，正是由于它的这一特点造成了批评的艰难，正是它造就了历史的隐没。它们为了反对把历史作为工具，反对其无所作为，在创造新的历史时索性抛弃了历史。但是应当看到先锋派们尤其是柯

布西耶在"反历史主义"中的历史价值。他们创造了思考问题的新方式，就历史的观点而言，甚至是唯一合理的方式——"将历史看作某种事件而不是未经变化就展现在当前的价值，显然需要非凡的勇气和清彻的思维"，而柯布正是在他接受历史、艺术概念的传统作用时丝毫不带有后期浪漫派的彷徨，在全新的基础上恢复回忆的价值，历史的价值与不定的价值——而饱受赞扬，塔夫里正是通过对现代建筑运动与历史的复杂关系的梳理，慢慢转到了建筑与批评的关系上来，并揭示出批评议题的危机。那么究竟需要哪一种批判来对待建筑界呢？

塔夫里的基本思想倾向于来自战后意大利一度占统治地位的实证派的观点立场，即由奎罗尼和罗杰斯首倡的一种对现代建筑运动提出怀疑、挑战和重新评价并要求重建历史的原则的思想和态度。他通过分析先锋派与实证主义之间的深刻矛盾，从而把历史批评引入到设计的分析中去。他指出先锋派认为他们发动的语言革命不仅蕴含而且也"实现了"社会与伦理的大变动，毕加索的名言"我不寻找什么，只是发现什么"表明先锋派忽视已有的一切。而实证主义恰恰相反，对现有材料不断地分解、重组、组合、反驳并激发已被公认的传统的语言和句法，从而既指向变革未知的领域，又坚实地扎根于现实的世界。它的积极作用一方面在于给现行的信码带来"破坏"及新的价值观，另一方面也在于它的探索与论证本身——论证也是重要的解决办法，因为借助于它可以有意识地发现先锋派以观念方式所引进的信码的基本内涵。所以实证主义就是非神秘法，也是行动中的批评，是寻求在设计中解决一切问题的批判主义。

塔夫里为此提出建筑（广义地说艺术）就是批评这一假说。他援引了赛维的形象批评方法，并引用了他的原话"历史模式的传播并不是单向度的。如果历史找到一条出路作为设计方法论的组成部分，从而使设计在历史中伸展其判断力和手段；它意味着一种前所未有的历史批评正在形成，以建筑师的表现手段撰写的建筑史而不仅仅是艺术史学家的历史"。除了历史与设计的这些密切关系之外，这里主要凸现的是批评和设计的关系，他指出建筑手段引起了特有的批评问题，而创造性批评的命题能够助长集体的创作，成为跨学科大合唱的一个声部，也能为大量性生产带来大师们赋予杰作的那种品格，在实用的语言中注入统一的诗化的语言。"今后数年内，我们面临的挑战将是某种能够以建筑师的手段从事历史研究的方法。为什么不能用建筑形式来取代语言，从而表达建筑批评呢？"这样建筑批评必然会产生泛化与不定性，但因具有历史为基础而富于意义，因建筑形式的介入而富于实效。沃尔佩曾指出：一旦肯定审美的产物属于理性的、可以控制的价值领域，就可能相当明确地显示出建筑创作具有自觉形成的批评性，由此可以推论出组织形象的可能性，它本身也就是批评性的论述。但是借助形象的批评并不等于运用语言媒介的批判性分析，虽然在评论家看来，批评之所以公正地对待艺术作品的永远转换是因为艺术作品和批评都运用了同一种信息传达手段：语言。建筑具有多重含义，也正因为此才具有符号性，才能使评论家把作品本身的隐喻等记号交织在一起，从而取得实际意义，具有开放性，但这并非说建筑与批评由同样的语言领域构成，我们从中可以得出三点结论：一是视觉设计与建筑史的相似只可能在相当抽象的程度出现；二是借助形象与建筑进行批判性探索的可能性依然存在，但是这种探索必须依附于纯正的建筑结构；三是建筑与历史的批判性探索不可能相辅相成，它们可以对话，但无法互相补充，可以说要把建筑作为评批媒介意味着要使建筑本身发生变形；除了审慎的试验外，建筑还必须从语言转化为符号语言，来论述自身，并在信码中探讨信码，这才构成了建筑批评的特征。塔夫里为此归纳了建筑实证主义的典型手段，形成五种试验方法：一强调既定的主题，使之激化，从而使基本法则的否定体现在主题上，或将主题分解为片断；二将主题介入一定的关联域，使它进入全然不同的环境；三从观念或历史上都迥异的信码中提取元素并组合；四将建筑主题与不同性质的造型结构妥协，或通过突然介入某个体系而形成妥协；五以激化的方式表达在起初就认为是绝对的主题。无论如何，建筑都有着自身的批评内核，并随着对内核的重视，可以达到一种主导作品的程度，所以可使建筑师转化成符号语言以作为新主题的参考因素。

塔夫里为了考察批评与设计的关系还对一些特定的、已有的批评方式进行了思辩，他首先分析了当时盛行的操作性批评(Operative critique)这一概念：这种批评是对建筑(或艺术)的分析，其目标不是抽象的探讨，而是在它的结构中预先确定创作方向的"计划"，它有目的地变形历史来达到预设的目标。它在一定程度上能促使作为批评的建筑与作为设计的批评相互对应，并体现历史与设计的结合。可以说是它为了走向设计，"导演"着过去的历史；它一次次地以所蕴含的先验标准衡量自身，它的理论基础其实是实用主义和工具论的传统。塔夫里通过对它的历史源流以及对当代建筑的作用的考察才有可能作出评价，他系统回顾了从贝洛里到吉迪恩的历史批评理论，从而论证了操作性批评的有效性与不定性。他承认吉迪恩的《空间、时间与建筑》既是历史学的贡献也是一种建筑构思。吉迪恩通过对历史的有意义"变形"使历史本身成为理论的推导手段并指导了设计，它表明历史"始终在确认现在"；此外它还是一种意识形态的批评，用分析代替现有的直观批评。操作性批评倾向于以现实意义来衡量，并且设计本身——这就是操作性批评的模式。深谙历史辩证法的塔夫里毫不留情地指出操作性批评的危险性也正在于它往往过分屈从于设计而无法揭示隐含在设计中的结构与内涵。此外，它在使历史走向现实化的过程中，常常使历史转向神话，从而与真实的历史相互抵触，丢失了历史的意义，使设计走向迷途。60年代的危机从某种程度上来说，正是这种批评与设计的产物，为此塔夫里提出必须探讨操作性批评的边界条件。塔夫里还揭示了另一种新型的操作性批评——类型学批评。这种方法之所以称为批评是因为它根据大量的现有素材进行探讨；之所以称为类型学的批评是因为它强调形式上无差别的现象，之所以带有操作性，是因为设计选择中含有当代因素。因此它实际上是一种经验化的方法，运用富有变化的具体意向取代贫乏无味的乌托邦主义，在这种经验的批评类型之中，历史分析、批评经验、形象的批评职能，以及设计的论证评价，都是密不可分的。但是类型学批评在本质上并不等于历史批评：它只是运用了历史批评的成果，在分析过程中借助这一手段而变得历史化了。它在操作上所应用的文字工具和图形手段相辅相成，才使得它得以顺利推广。它这种方式无法深入探究作为一门学科的建筑学的意识形态，从而注定它只是批评与设想结合的一种策略而已。

通过上述分析，作者就批评的手段与使命作了进一步的阐述。他提出批评有各种途径，人们可以从艺术哲学开始，从中推导历史学的各种方法，运用已经成熟的方法论和严格的经验主义或是流行的分析方法，"但是这些决择必须按照它们深入历史理性的程度来鉴定"，从而回应了批评是"历史的构造"这一重要的命题。就建筑批评的意义而言，语言问题的出现正是对现代建筑语言危机的确切回答，主张把建筑作为一种语言现象来考察，类似于某种对于已经遗忘以及正在遗忘的设计活动的认真探索。正因为对建筑与批评在操作

性批评中会合仍可能产生的局限作了分析，塔夫里提倡运用结构主义和符号学的方法来探讨建筑信码的结构，阐明艺术变革与彻底否定的界限，揭示语言的结构价值及其思想内涵，探讨视觉信息传达规律在建筑中的运用，从而真实地识读建筑。这样建筑师才有可能澄清包围他的形象世界，恢复行为准则，并从具体方面探求出设计术语，把语言转化为形象语言。应该说塔夫里深受语言学与结构主义的影响，提出了一种建筑学可能运用的共时方法，并加以哲学论证。值得钦佩的是，作为一名辩证者，他念念不忘历时的策略，机智地指出历史综合是描述建筑语言结构的唯一方式，从而使他既是现代意义与其局限性的洞察者，又是始终与后现代主义者分航的先驱。他认为任何试图从构成建筑的物质体系中提取某种成份并作为建筑语言参量的天真想法，由于不可能勾画出完整的建筑史和建筑意识形态，从而必然会遭到失败，无论是功能、空间或是结构因素都不可能作为设计的符号学分析的基础。建筑语言和理想一起在历史中成形、限定并演变，我们只能认识并描述在历史进程中得到限定并在史学分析中用作"理想型"的句法和"信码"，这才是批评的一些使命，而历史的使命也因为尽可能在时间中明确并限定建筑的作用和含义而回归到了本原。换言之，必须强调历史的矛盾性并在矛盾的现实中严格赋予历史一种创造新的形式世界的使命，同时必须通过历史与批评来为建筑的不定性确立界限，而批评则是建筑历史性的试金石。塔夫里最后指出历史中并不存在危机的"答案"，但可以肯定的是它要突出矛盾，从而形成变革的前提。

塔夫里教授的这一著作所体现的思想很快就发生了一些变化并得以深化（他于1969年发表了著名的论文《走向建筑意识形态批判》(Toward a Critique of Architectural Ideology)直接成了以后《设计与乌托邦》的雏形以及《现代建筑》的写作动机），因为在这一本书中，从根本上来说，他还只是表现为一个有思想的博学者。他写作中的庞杂多样，以及对诠释的过度铺陈，使他有了卖弄学问之讥。在书中过多的有关历史辩证法（卢卡奇所弘扬）的说教，艺术史传统（沃尔夫林所光大）的渲染，结构主义方法（斯特劳斯所推广）的叙述淹没了他的声音——尽管如此，他的着眼点：设计、历史、批评的整合使他具有了一种犀利敏锐的姿态与立场，与当时的英雄史观的倡导者的如佩夫斯纳、吉迪恩，也与以后的各种杂乱套用文化来探究建筑的后现代主义者们划清了界限。之后，他在建筑的意识

（下转第89页）

英国建筑联盟
建筑学校(AA)随笔

邓才德

英国建筑联盟建筑学校(Architectural Association School of Architecture, 简称AA)是一所被西方认为是如同包豪斯一样的世界闻名的建筑学府, 但也许在我国还不被广大建筑界人士所知。该校有150多年的悠久历史, 从20世纪60年代起, 其名声越来越响, 一代又一代的毕业生与任教老师不少人后来成为世界著名建筑家, 许多人的前卫作品以及设计思想, 改变了建筑设计的历史。这些人中包括我国建筑界较为熟悉的有: B·屈米(Bernard Tschumi), 查尔斯·詹克斯(Charles Jencks), D·奇普菲尔德(David Chipperfield), D·利贝斯金德(Daniel Libeskind), K·扬(Kenneth Yeang), M·霍普金斯(Michael Hopkins), 彼得·库克(Peter Cook), 彼得·祖姆托尔(Peter Zumthor), P·高夫(Piers Gough), R·库尔哈斯(Rem Koolhaas,2000年普利茨克建筑奖得主), 理查德·罗杰斯(Richart Rogers),S·霍尔(Steven Holl),Z·哈迪德(Zaha Hadid),斯韦勒·费恩(Sverre Fehn,1997年普利茨克建筑奖得主)等。

那是在1997年, 我突然从酷热的东京来到伦敦, 顿感十分凉爽。虽然仍是九月, 但在伦敦却颇有几分深秋的感觉了。

在到达伦敦的第二天, 我便决定去建筑联盟建筑学校(Architectural Association School of Architecture)报到。按照学校给我的地址, 很快就找到了彼得福特广场(Beqford Square)。说是广场, 其实中间是一个巨大的圆形花园, 花园里树木参天, 让我禁不住想起北京潭柘寺里的景色来。广场四周的建筑物却是清一色的欧洲风格, 几乎完全相同的立面, 带着同样的表情, 灰砖白窗, 黑色的栏杆, 十分整齐干净。我沿着广场转了一圈, 竟没能找到这所闻名世界的建筑联盟建筑学校。于是我静下心来, 从书包中拿出地址再看了一遍: 彼得福特广场36号, 我这一次顺着门牌, 终于找到了学校的大门, 门旁墙上挂着一块不十分显眼的牌子, 上书: 建筑联盟建筑学校。我惊讶不已, 因为在我印象中的中国与日本的学校都有一个堂皇的大门, 大大的学校的名字, 而建筑联盟建筑学校的门面却是如此隐而不显。后来随着时间过去, 我心中对于这所学校所抱有的神秘感, 虽然逐渐淡漠了, 可是对它的喜爱是在与日俱增。学校的全名正如上面所提到的是: 建筑联盟建筑学校, 但在世界上, 人们通常略称为: 建筑联盟(Architectural Association 或AA)。

我初到伦敦的第一个星期里, 因一时找不到住处, 只好暂借当时我所识认的唯一一个日本朋友的宿舍来安身。此人姓中野, 当时他正在西班牙旅行, 他也是建筑联盟四年级的学生。与中野同一单元的还有一位英国小伙子山姆和一位德国姑娘亚历山德娜。山姆当时是在建筑联盟读二年级, 亚历山德娜则是刚刚在维也纳读完一个建筑学学位, 她来伦敦看一看建筑联盟的情况, 同时寻找机会来就读。我们几个人几乎在见面的第一分钟里就成了朋友, 谈论的话题自然总是围绕着建筑联盟。因为山姆已经在建筑联盟中读了两年, 他知道的最多, 他向我讲起在每一学年的一开始, 每一个班的老师如何先在全校师生面前发表自己的作品和他这一年的教学计划。在此之后, 学生们再逐一向自己所中意的老师来讲解自己的作品集, 以争取到这个老师班里的一个席位。我当时听山姆讲的这一切都是那么新鲜和生动有趣, 到后来我才知道, 其实这种双向选择的作法无论对于老师还是学生都是一种无形的压力和竞争。有一个最好的例子是, 我在建筑联盟读书的第二年一开始, 校方安排三位老师共同来带一个

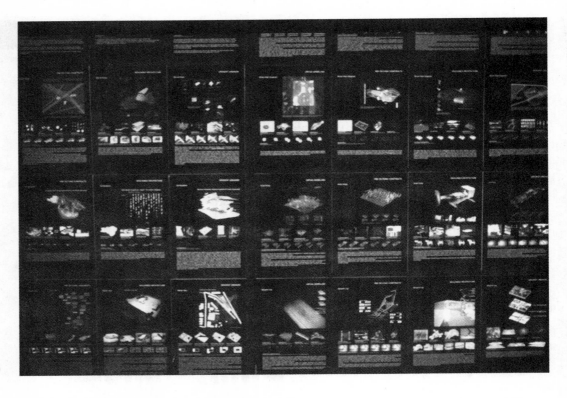

初级班学生模型作品(2000年)

班，因为他们的作品发表不受学生青睐，最终只有4名学生志愿到他们班里去。因此学校不得不放弃对这三位老师的聘用（老师与学校的合同永远是一年一签的），他们也就只好离开了建筑联盟。与此同时，每一年又有一些学生因为得不到自己希望去的班的老师对其作品的赏识，而只好被安排到其他班中。这一切都是我后来在学校中渐渐体会到的，当初山姆对我讲学校这一体制时，我并未真正理解。和山姆十分不同的是，亚历山德娜更喜爱谈一些其他的事情，而并非只是建筑联盟，她会常常说，维也纳多么美丽，可是那些古老的房子看起来似乎太沉重，不如阿尔卑斯山上的雪看来更清新透明。有一天的夜晚她带我们爬上楼顶，让大家看伦敦的夜景，她同时还在不停地赞叹这景色有多迷人。

不久中野从西班牙回到了伦敦，我也找到了住处，山姆和亚历山德娜也相继离去。此时我才知道他们俩人也是在这里借住，真正的主人很快回来了，是以色列姑娘西尔维亚与德国人汉斯。这三位建筑联盟的老学生于是就讲起了更多的有关学校的故事。他们告诉我，在100多年前，几名伦敦的建筑学校教师(后又有人告诉我是几名建筑师)，十分不满传统的建筑教育方式，便决定另辟蹊径，办一所以学生为核心，没有学分制度，并且以提倡实验性教学，鼓励创新

建筑设计思想为目的的学校，命名为：建筑联盟建筑学校。直至今日，建筑联盟的这种以学生为主体的体制仍然没有改变。在2000年5月份举行的校长选举中（建筑联盟的校长每一任期为5年），每一位建筑联盟的成员，无论老师与学生，都持有相同的一票。因为学生人数远远超过老师的人数，所以新校长的产生可以说是由学生的投票来决定的。今年的投票结果是现任校长得以连任。如果情况相反，现任校长得不到大多数成员的投票，建筑联盟便会向世界各地的一些建筑师发出邀请，询问他们是否愿意参加下一任建筑联盟校长的竞选。而被邀请的人往往是被当今建筑界称为世界大师的人。而竞选中每一轮的投票，都是由建筑联盟的成员来进行的。建筑联盟的每一位成员，特别是学生，对于学校重要决定的参与，无疑对学校的成功起到了非常积极的作用。但是学生们也并非因此而随意使用他们的权力，大家每一次总是认真地讨论，客观地评价学校的每一项事情。学校、老师与学生之间力求相互尊重和理解。也正是这种积极地参与，培养了建筑联盟学生的社会活动和独立工作的能力。

我在进入建筑联盟的第一年开学时，虽然已经听了许许多多朋友们对于学校，对于老师的介绍，在老师发表他们作品的那两天里，我还是感到异常兴

奋和新奇。从早晨到傍晚，每个班的老师约有半小时的时间来讲解作品和教学计划，大多数人是通过放映幻灯来配合讲解的。讲堂里坐满了学生，大家十分认真地听着，思量着。有许多老师介绍着他们完全迥异的设计思想，对于新学生来讲，要在３０分钟内完全了解他的想法，成了一件十分困难的事情。但是他们新放映的作品照片与图像，是学生们能够对其讲解产生一个感性理解的良好途径。整整两天的极端的精神集中之后，仍然拿不定主意。此时我们每人已领到一张表格，学校希望我们填好三个班的老师的名字，以便他们安排出每一个人见老师的时间表来。我经过反复琢磨，选择了法国人弗朗西斯·爱德华、德国人马蒂尔斯·李斯和西班牙人卡罗斯三个名字。其中爱德华和李斯的发言给我的印象很深。李斯曾是著名建筑师Ｄ·利贝斯金德(Daniel Libeskind)事务所中的总建筑师，他主持了著名的柏林犹太人博物馆的工程之后，独立出来开办了自己的事务所，同时李斯仍常常与利贝斯金德进行密切的合作。李斯本人早年在柏林攻读人类学，并取得学位。后他又转学建筑，拿到建筑学学位之后先在德国理性主义建筑师O.M翁格尔斯(Oswald Mathias Ungers)手下工作多年，当利贝斯金德赢得了柏林犹太人博物馆竞赛一等奖之后，李斯便加入了他的事务所并主持了这一庞大的工程。李斯也因此成为在德国小有名气的年轻一代建筑师。法国人爱德华与李斯十分不同，他在法国早已成名多年，但教书却是第一次。他那时的英语水平很差（但一年之后，他竟能讲一口十分流畅的英语，让人十分吃惊），他讲课凭借他所特有的法国人的风趣与机智，加上他的作品的魅力，大受学生们的欢迎，他成为了那一年有最多学生报名去他班的老师。爱德华的设计非常注重建筑与自然的结合，例如在他所设计的一所住宅的墙体中完全裸现出了镶嵌在混凝土中的劈开的树木，产生出了非常特别的色彩和质感的对比。第二天是学生们向老师讲解自己作品集的日子，李斯十分欣赏我所赢得的一个叫"风景中的家"的设计竞赛的作品，爱德华却更喜欢我的另一个叫"埃里克·萨迪宅"的作品。我向爱德华讲，这是一个没能获奖的竞赛方案时，他告

中级班学生模型作品(2000年)

中级班学生作品之一(2000年)

诉我说："我认为这个提案内涵十分丰富，设计也很到家。"于是李斯和爱德华都答应了我可以到他们的班里去。我便懒得向西班牙人卡罗斯讲明自己的作品。因为学校要在同一天确定下各个班学生的名单，我也只好立刻做出选择，在爱德华和李斯之间，思来想去了近一个小时，我最终决定选择李斯。因为他给我的第一印象是为人诚恳可信、性格爽快、办事认真负责。在我进入他的班之后随着我对他的了解愈来愈多，事实证明他正是我所期待的那一种人。以至于在他离开建筑联盟之后我们仍然是很好的朋友。

那一年我的班里共有１２名学生，来自10个不同的国家。如果加上老师李斯，应该是13个人，来自11个不同的国家。这种情况在建筑联盟中的各个班中，几乎

中级班学生作品之二(2000年)

都是如此。建筑联盟一直认为招收具有完全不同文化背景的世界各地学生，使他们互相交流，是产生崭新建筑设计思想的关键之一。其实学校的老师也是来自不同的国家。我记得在我们班到爱尔兰进行旅行后回伦敦时，机场海关关员翻看着我们每一个人的护照，半开玩笑半惊讶地问我们是不是来自"联合国大学"的学生。

在李斯开朗性格的带动下，我们初到一个新的团体时的拘谨很快就消失了。大家都在尽力相互了解，因为从别人那里听到自己不知道的事情而兴奋。以色列姑娘夏隆告诉我们她服兵役时曾是一名下级军官，还参加过几次小小的战斗。这让大家禁不住对这个个子不高的姑娘产生几分敬意。哥伦比亚小伙子列奥那多原是一名登山能手，希腊姑娘纳夫西卡因为把头发剪得太短，许多人第一次见到她时总错认为这是个漂亮的男孩子。而意大利人西尔维奥讲一口十分流利的美国英语，当别人怀疑地问他是不是美国人之后，才知道他来建筑联盟之前，在美国生活了多年。别人见到我和日本姑娘万里子一直在讲日语，却与香港姑娘爱丽斯用英语交谈时，就好奇地问我们为什么不用中国话交流，我们每每对着那带着不可思议的表情的脸解释，因为我一点儿也不懂粤语，爱丽斯从未学过普通话时，对方多会惊讶地表示，中国话中的方言居然能相差如此之远。

最初的相互了解刚刚告一个段落，李斯的作业就下来了。首先他要求每一个人选择伦敦的一个自己所喜欢的地方

来当作这一年工作的基地。他的第一个作业是希望每一个人能到那个自己选定的基地去，一动不动地坐在某一个点上至少6个小时，并同时观察你所感兴趣的一件事情的变化。从这第一个作业之后，李斯的教学渐渐地展开了，我在建筑联盟的学习真正地开始了。李斯每个星期与每一个学生至少有一次30分钟到一个小时左右的谈话，这很像是在私塾一样的个人单独辅导。每两个星期有一次全班聚会，每人都要发表自己在前一阶段所做出的东西，并与其他人进行讨论。学生们都在不停地忙碌着，而李斯更是每个星期都要来回往返于柏林和伦敦之间，他在照料着自己事务所工作的同时，又要在建筑联盟带学生。建筑联盟中的绝大多数老师都像李斯一样，奔忙于教学和实践之中，而有的老师还可能会兼职两个学校。有一次建筑联盟的老师荷兰建筑师本·凡·伯克尔与他的夫人在学校中开讲座时，他的夫人开场就说道："我们UNSTUDIO(其事务所的名字)应该非常感谢建筑联盟的学生，因为在我们教书的过程中，我们从学生那里得到了许多许多想法与灵感。"应该说她的这一番话决非谦虚之词，事实正是如此。反之建筑联盟老师们在实践中所理解和认识到的东西，也常常被他们带到教学中来。这种老师的教学与实践相结合的做法，对学生对老师都非常有益。而且正是这种忙碌，给学校不断地带进新鲜的思想和无限的活力。每一次我到学校的时候，看着奔忙于教室、计算机房和车间之间的学生，还有永不停歇的许多教室中的作品发表、讨论，就感到从这个小小的建筑物中散发出来的一种无形的巨大能量。每一个老师与学生都是那么热爱建筑，每个人每一分钟都在与别人或自己议论着建筑，大家都在拼命地工作着，交流着，思考着，学习着。这种对于建筑的极端的热忱是我在任何一个除建筑联盟之外的地方都未曾见到过的。

在李斯班的那年的第一个学期过得非常快。第二学期一开始，我们班就先进行了一次约为10天的旅行。在建筑联盟有一个不成文的原则，即每个班每一年至少要有一次旅行，目的地由各班老师根据其教学计划而定。例如，那一年有的班去了当时仍然是战火纷飞、地雷遍

布的萨拉热窝，有的班去了大都市纽约。每一年建筑联盟学生们的旅行足迹都留在世界各地。这使我想起荷兰建筑师R·库尔哈斯(Rem Koolhaas)近年来对于中国珠江三角洲地区，非洲尼日利亚首都拉各斯和俄罗斯一些大城市的研究，很像是他在建筑联盟当学生时的班级旅行的延续。他仍然在使用着他在建筑联盟学到的方法，通过大量的旅行来认识和研究社会与世界，再把他的实验性思想用到他的建筑设计上去。无论是库尔哈斯还是建筑联盟的学生，他们的旅行所考察的都不是当地的建筑，而是当地的政治、经济、文化和自然状况。我想因为任何一种新的设计思想都是从对某一社会、文化以及自然的新的认识而产生的。从建筑是很难产生出建筑来的。

那一年我们旅行的目的地是位于大西洋中的属于爱尔兰共和国的三个小岛，被称为阿兰群岛(Alan Islands)。李斯只告诉我们某月某日在爱尔兰西部城市戈尔韦(Galway)的某家小旅店集合，之后一同乘船前往阿兰群岛。至于每个人如何到达高雾的那一家小旅店，完全由自己决定。出发之前，李斯还推荐给我们几本有关阿兰群岛的书，其中一本由一位英国雕刻家史密斯所写的小书最有意思。史密斯曾一度在阿兰群岛居住数年，独自一人测量了三个小岛的地形地貌。书中有他手绘的地图以及地质构造图等，虽是手绘，却很精密。他对于阿兰群岛的历史、地质、文化背景的介绍，丝毫没有诗意的抒情，完全是一种客观的描述，但其文笔却十分精练和优美，使人不由地对阿兰群岛产生许多神秘的幻想。爱尔兰人讲：如果天使飞过地球，她必定会在耶路撒冷和阿兰群岛停留。带着这种对阿兰群岛的莫名的神秘感，我独自一人先乘飞机飞往都柏林，之后在都柏林机场未作丝毫停留便乘长途汽车前往戈尔韦。汽车几乎横穿了爱尔兰全岛，那时我还未去过苏格兰高地，因此深深地被爱尔兰静寂的田园风光所吸引。这是一个和我所经历的世界完全不同的地方。

戈尔韦是一个小的恰到好处的城市，市中心是一个不大的由石块铺地的广场，广场四周是一些小小的店铺和咖啡馆。在约定的那一天我们一一到达小

旅店之后，傍晚西尔维奥·香浓(一个法国姑娘)和我到这中心广场来散步。走累了之后，我们坐在了广场边茂密的树下。此时天已经完全黑下来了，香浓深情地望着从对面一家小咖啡馆里射出来的灯光，说道："我们不如都留在这个城市，结婚生子，不必到其他地方去了。"第二天清晨，全班13人乘船离开戈尔韦驶往我们的目的地——阿兰群岛。船在海上大约要行驶4小时。开始时大家说说笑笑，但到最后一个小时，海上风浪突然变得大了起来，船体开始剧烈地颠簸，大家都觉得头晕目眩。这艘船并不很小，是被我们包租下来的，船内外共有三层。于是大家便楼上楼下奔跑起来，想找到一个自以为颠簸得最不厉害的地方，我拿着照相机，上上下下拍了许多照片之后，最后也忍耐不住，和别人一样，跑到卫生间里呕吐(后来在我的设计中用上了当时拍下的照片)。

我们首先到达的是阿兰三岛中最小的一个：伊内舍尔岛。那时正值一月，小岛看去十分寒冷。我们上岸时天已近黄昏了。于是当晚大家都没有出去，吃过晚饭之后，一起看了一部李斯带来的录像，是20世纪初期一位美国导演来到阿兰群岛拍摄的纪录片，非常短，主要记述了当时居住在阿兰群岛上的人们的生活。因为阿兰三岛各个岛都像是一块巨大的岩石，几乎见不到土地。这里的人多以打渔为生，为了找到更多的土地，几百年来，居住者们世世代代敲碎着岛上的岩石，为了寻找在岩石缝隙中的一点土壤而奋斗。他们靠这有限的土地种植了少得可怜的土豆，并把敲碎的岩石整齐地堆集起来，久而久之，全岛形成

爱尔兰阿兰群岛

了一道道半人高的岩石墙，十分壮观和奇特。这种敲碎岩石，寻找土地的活动直到20世纪70年代，爱尔兰政府决定支付岛民的一切生活费用之后，才完全停止下来。

这之后几天，几乎每天我们都四散在岛上，跳跃在岩石间。沿海岸步行全岛一周大约要三个小时左右，岛的地势是北高南低，而且从大西洋来的风浪也多是从北而来，因此几十户居民都集中在岛的南侧。全岛只有不到三百人，他们和我们在伦敦见到的普通人没有区别，都非常友好。但是这里的生活却是截然不同，如果说岛南端是人们居住的村落，北端却是十分荒凉和美丽，渺无人烟，偶然可以见到蹦跳在岩石间的野兔子。北端唯一的一个建筑物是一个为船只导航的灯塔，还有一艘被弃在岸的

文凭班学生作品(2000年)

巨大的铁船。全岛只有一辆汽车，两家酒馆，一个小商店(人们生活所需品的唯一来源，每两周有一只船从爱尔兰本土来岛带来所有物品和邮件)，一个邮局，一个电话亭，九只猫，十二只狗，一个医生(其实他往返于三个岛之间)，五六棵树，二十多只牛和羊(似乎从来没人看管)，一个古堡，一个咸水湖，一个水塔，一个小发电站，一个小机场，一架包括飞行员在内的可乘八个人的小飞机，一所小学，不到20名学生，一个教堂，一个牧师，一块墓地，两个年过百岁的老人，两个码头和十几只船。岛上没有行政机构，没有村长(或岛长)，没有犯罪(只是在15年前失踪过一个年轻人)，没有警察，没有门锁，没有家门钥匙，没有街灯，没有电影院(家家都有电视)，没有噪声，没有光线污染(夜晚时小岛四周是一片漆黑而且茫无边际的大海，我们发现在岛上可以清晰地看到比别的地方多出一倍的星星)，没有建筑师，没有建筑法规。这里有无数的岩石(建筑材料?)，无尽的新鲜空气，无尽的海浪，无限美好的夕阳，还有无数有关精灵的传说……

阿兰群岛是一个完全不同的社会，在那里，我们看到了许多在别的地方看不到的事情。那里的人们从未需要过建筑师，因为他们自己就是建筑师。因此这令我们不得不去思考，任何一个建筑设计作品的思想源泉都应该是与设计者所生活的社会与时代所紧密相关的。因为阿兰群岛是一个如此奇特的世界，我们在那里思考建筑时便非常强烈地感受到了这一点，但是许多生活在平常世界中的建筑师却根本地忽视了建筑设计的社会性和时代性。我们班从阿兰群岛回到伦敦之后，每个人都开始重新用一种新的目光来审视自己的基地，审视伦敦和人们的生活。在阿兰群岛正如我们所发现的，别的任何一个地方都没有的、上面所提到的几十个"有"与"没有"，其实任何一个城市都有其特有的社会及文化现象，因为李斯选择阿兰群岛作为我们的旅行目的地，所以他让我们看到和发现的除了一个独特的社会之外，还有一种诗意(阿兰群岛人的生活和其自然环境)。而我在建筑联盟的另一位老师却可以说是完全放弃了这种诗意，这位老师就是容悟，布肖顿(Raoul Buns-choten)。布肖顿是一位荷兰人，但他长

期在伦敦工作。他最早毕业于瑞士联邦高等理工学院(ETH Zürich)，后又曾在美国的古柏联盟(Cooper Union)师从J·海扎克(John Hejduk)及匡溪美术学院(Cranbrook Academy of Art)师从D·利贝斯金德(Daniel Libeskind)。1983年至1994年布肖顿曾在建筑联盟任教11年，但他于1994年突然辞去教职，专心于自己的事务所及研究工作，他的一系列有关城市和社会的研究工作涉及东欧、西欧、亚洲及美洲，他曾先后考察了罗马尼亚、俄罗斯、中国台湾和日本等地，同时还担任了哥伦比亚大学和柏拉奇学院(Berlage Insitute Netherlands)的客座教授。在建筑联盟消失了六年之后，布肖顿1999年重拾该校的教鞭，这时他已经形成了自己的一套理论。

我把布肖顿理论的基本出发点总结为下面三点：

1．建筑首先应该是社会和时代的产物，而并非完全是建筑师个人感性或者历史情感的产物。

2．当今世界急速的经济和文化上的全球化趋势(Globalization)必将对建筑设计产生极大的影响。但是这种全球化趋势往往是通过极端的地方性而表现出来的，因此只有对某一地区的特定的经济和文化进行深入的研究之后，才有可能具体地把握住全球化的真正意义，并由此产生出新的建筑设计思想。

3．在理性的对于城市与社会的研究基础之上，建筑师个人的感性认识也是不可缺少的。只有这种感性认识才有可能把理性研究转变为新的设计思想。理性是设计的出发点和骨架，感性是其血肉。

因为布肖顿本人也已经出版了许多书来阐述他的理论，并且他在建筑联盟执教的同时，仍在不断地发展和完善他的理论，因此真正完全和准确地理解他的理论，决非易事，我在布肖顿班的那一年里，几乎所有的学生花了三个多月的时间，才渐渐明白布肖顿在讲一些什么。

正如前面所述，因为布肖顿认为认识或者理解一个社会、一个城市的生活以及某一个特定的经济文化领域是产生一种新的设计思想的来源，所以如何迅速而有效地做到这一点，也是他的理论中非常重要的一个部分。布肖顿还认

为，一个建筑师最终使用什么样的设计手法来表达他对社会或自然的理解是完全因人而异的，因此布肖顿从不强求他的学生拘泥于某一种设计手法和思路，更准确地说他从未在建筑联盟教学生如何做设计，他所教的只有如何去思考、研究、理解和归纳社会以及城市生活中被忽略的本质部分，至于如何通过建筑设计手段来改善城市经济、文化生活或者缓解某种社会矛盾，完全是由学生自己来选择与判断的。应该说布肖顿的教学方式对于没有受过基本的建筑教育和缺乏建筑设计实践的学生来讲是非常难于接受的，但对于有一定工作经验的学生来讲却又十分有益。

在布肖顿的理论中，他还提出了一些具体的操作手法，这里我简明地介绍其中的一个叫EOTM的概念。EOTM代表四个英文词的第一个字母，它们分别是：Erasure(抹掉或消除)、Origination(开始或起源)、Transformation(变形或改造)和Migration(移动或迁徙)。布肖顿认为任何一种社会或者自然现象最终都可以归纳为这四个过程，小到生活中的每一段微小的细节，大至宇宙中的物理化学现象。因为任何一个存在于社会或自然界中的事物或现象都不是独立存在的，而且非常的错综复杂，所以要想无一漏过地把握到这个事物或者现象的每一个方面几乎是不可能的。由此布肖顿认为通过有意识地把它们归纳和总结为这四个过程，才能迅速而有效地抓住其本质并且看到与其他事物或现象的联系。这就像是纵向地切开一个物体的断面，虽然这个物体在平面上可能大得没有边际，但是透过观察其断面，我们就能了解到其本质一样。布肖顿曾经给过我们一个非常好的小例子来解释如何运用EOTM这一概念去归纳一个事情。他的例子是这样的：我坐在奥斯陆的一家饭店里，正在吃一条鱼(Erasure，即鱼正在被消灭掉)，并把鱼骨吐到盘子里(Origination，鱼作为食物的本质和形态开始变化)。过后，侍者将鱼骨扔到了垃圾筒里(鱼作为食物真正被改变成了垃圾)。第二天，垃圾收集工人来取走了它们(作为垃圾的鱼骨被移动到其他地方)。当然布肖顿讲的这一例子看起来与建筑设计并无直接的关系，但他告诉我们应该记住的是这一分析和归纳问题的方法。那一年我的设

计，最初正是从利用EOTM这一概念对两个真实小故事进行分析归纳之后而展开的。第一个小故事是发生在我去一个基地的途中，我所乘公共汽车的司机竟然迷了路，找不到停车站和正确的行车路线，由此引起了许许多多可笑的事情。通过用EOTM的手法，我对这一亲身经历的故事进行了分析和归纳，并把握住其主要环节，对伦敦的公共交通系统进行了大量的调查，包括采访乘客和伦敦公共交通公司。第二个小故事是发生在我的另一个基地，它位于东伦敦的一片最为贫穷的地区——拜森农绿地(Bethenal Green)的一个小街心公园中。公园四周是大量的政府提供给低收入者的社会福利住房。在公园里我遇到了一位住在附近社会福利房中的穆斯林教徒，当时他正坐在公园的长椅上喝酒（穆斯林教徒是严禁喝酒的），引起我对他很大的兴趣，就坐到他身边与他进行了很长一段时间的对话。过后，我把和他的对话运用EOTM的手法进行了归纳，并且由此开始了对于伦敦社会福利住房的情况调查，在调查的过程中，意想不到地涉及到了有关伦敦的移民、犯罪甚至文化艺术潮流变化等等一系列问题和状况。

在这些调查和研究的过程中，我的设计提案也渐渐地形成了。最终的方案是在一特定的基地上所设计的一座综合性的建筑，其内容包括有临时性的旅馆、信息中心、区域文化、福利、教育中心和公共汽车总站等等，并且通过利用对空间和时间的非传流性安排来作为缓解伦敦的城市问题以及社会矛盾的一种手段。布肖顿十分欣赏我的大量的研究及这一提案，因此我代表这个班在这一年度的全校公开作品发表会上讲解了这一作品。

布肖顿的理论中除了EOTM之外，还有许多概念和操作方法，这里很难一一都作出讲解。而建筑联盟的老师中有很多人都像布肖顿一样，自成一家，有着一套深奥的理论。几乎可以说每一个班就是一种新的设计理论的实验场。因此如果一个学生偶尔到另外一个班去听作品发表会，常常会觉得像是听天书一样不知所云。可贵的是，学校十分鼓励学生们到其他班去听发表会并积极发表自己的意见，这种班与班之间的交流无疑对于开阔学生的思路起到了积极的作用。难怪建筑联盟常常被世界各地的建筑师们认为是前卫建筑设计思想的极其重要的发源地。这些新奇的设计思想大多是在无数个回合的讨论、阐发、思考和推敲的过程中慢慢成熟、逐渐成形的。有一位朋友早已知道建筑联盟的名字，他曾问我那里的学生使用什么教材，是否可以介绍给他。当我告诉他建筑联盟中的任何一个年级、一个班、一位老师和任何一门课程都没有任何教材时，他迷惑不解地继续问，那么到底是什么使得建筑联盟如此出名。我一时难于回答他，最后只得说，是因为那里培养出了一代又一代的建筑名家，产生了许多前卫建筑设计思想。如果说包豪斯是由于一大批出色的建筑师和艺术家在那里执教而闻名于世，但可惜的是，其毕业生中似没有一个人能像他们的老师一样，提出有创造性的设计思想和理论。而建筑联盟却培养出了一代代的建筑设计界的新人。无论是老师还是学生，许多人经过在建筑联盟执教或学习之后，成为改写建筑设计史的建筑名家。

建筑联盟的成就除了因为其独特的教学体制之外，还应该说是其激烈的竞争和无情的淘汰的结果。这一法则对于任何一位老师或学生都是适用的。每年每一年级都有许多学生被淘汰，轻者被劝再重读一年(国内所讲的"蹲班")，重则被学校"委婉"地劝退，还有的学生因为承受不了这种压力而自动离去。今年(2000年)的毕业生的淘汰率达到1/3左右。其中有些人竟是在学校读了三四年的老建筑联盟学生，却因为这最后一关没能通过而不能毕业。所以很多人认为交付如此之高的学费（建筑联盟是一所完全独立的私立学校）而又不能保证拿到建筑联盟的文凭，是一件不值得做的事情。姑且不论建筑联盟这些由来已久的规则和做法是否合乎情理，我想，作为一个真正热爱建筑的人，从这所学校所学到的一切都是很难用金钱和一纸文凭来衡量的。